日本料理教科书

（日）检见崎聪美　著

邢俊杰　译

U0388358

辽宁科学技术出版社

沈阳

目　录

PART 8 鸡蛋·豆腐·其他

本书的几点说明

▶ 本书中提到的 1 小匙为 5mL，1 大匙为 15mL，1 杯为 200mL。但是 1 杯米为 180mL。

▶ 完成的分量为标准分量。

▶ 出汁为鲣鱼出汁。

▶ 1 kcal=4.1868kJ

从 P14 开始至 P21 介绍了节日料理的制作方法。

1月 JANUARY

节日料理

新年的宴会

新年的时候都会吃节日料理。过去，在新年、桃花节、端午节、七夕和重阳节这五个节日时准备的料理都被称为节日料理。而现在，变成了只有这些节日中的新年的料理，才叫作节日料理。

新年时候的料理，都带有祈祷一年之中全家平安和祛病消灾的意思。所以，不论是从食材还是内容还有字音字形上，都要带有吉祥的意思。

　　做出的料理要易于保存，因为在1月15日（现在多为1月7日）之前，只能吃新年菜。这是因为，在迎来年神的期间要节制烹饪。

　　用来盛装新年菜的餐盒，正式的款式是外黑内红的。传统的新年菜一般有四层。

◉一层——餐前小点

◉二层——烧烤

◉三层——煮品

◉四层——醋拌凉菜

　　由于"四"和"死"谐音，所以为了避开而一般使用"与"（日语中"与"和"四"同音）字。在各层中放入料理的种类也要为三品、五品、七品等奇数种，并且不能分成四个区域摆放。

杂　煮

不同的地方，做法千差万别

　　最开始，在年末的时候，要将供奉给年神的年糕、萝卜、胡萝卜等各种贡品在元旦那天用"若水"烹煮之后，大家一起食用，这被称为伊始。

　　这是即使在现在也是不可或缺的节日料理。根据地域和各家的风俗习惯不同，食材的选择和烹饪的方法也各不相同。大致分为：出汁、白味噌、小豆杂煮三个做法。

人偶节

女孩子的节日

3月3日的人偶节,是为了祈祷女孩子变得漂亮和生活幸福。人偶节也被称为"桃之节句""弥生之节句",原本为五大节日之一的"上巳节"。

这一天,在古代的中国本来是一个忌日,为了消除晦气,有着在水边进行祭祀的习俗。这个习俗在平安时代传入日本,一般会用纸做出人偶,作为自己的替身来转移身上的晦气,然后让其流入河流和大海。

人偶一般会被放在台子上,装饰得十分漂亮,这是从江户时代就开始的习俗。最开始的时候,只有在武士家庭和贵族家庭才能进行这样的活动,普通家庭也开始这个习俗大概要到明治时代以后了。

赏 花

享受对樱花的喜爱

　　"赏花"的历史要追溯到奈良时代，当时贵族们有赏梅享乐的习惯。直到平安时代，樱花比梅花聚集了更多的人气。樱花树被种在了平安京都的紫宸殿前，宫中的人们就开始转为赏樱花。

　　从镰仓时代开始，岚山就成了赏樱花的知名场所，而各地也陆续出现了种植樱花的知名场所。到了嘉湖时代，德川吉宗在江户的各个地方都种上了樱花，此时，赏花的习惯才在平民中也传播开来。樱花一般在3月下旬到4月上旬盛开，花的繁盛期也不过短短两周，经常被用来作为"脆弱的美丽"的象征。在赏花的时候饮用的酒被称作花见酒，在夜晚赏樱花被称为"夜樱见物"。

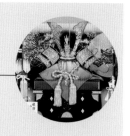

儿童节

孩子的节日

5月5日是男孩子的节日"端午之节句",另外也有祈祷所有孩子可以健康成长和生活幸福之意。在古代的中国,5月是趋避之月,这其中选择有两个5的5月5日,进行驱除邪气的祭祀活动。这种风俗传到了日本,在奈良时代,多使用艾草和菖蒲来趋避厄运。而到了镰仓时代,菖蒲转变为用于崇尚武士的"尚武"活动中,江户时代则变成了用来祈祷男孩子能成才的物品。

七 夕

一年一度的浪漫相会

七夕是由中国传来的传说和风俗以及与日本由古至今的信仰结合在一起产生的节日。

◎ 在7月7日的夜晚,牵牛星会渡过银河和织女星相会,是一个很浪漫的故事。

◉女性会祈祷自己的编织工艺更上一层楼，会在竹竿的尖端系上五色彩线来祈祷。

◉年轻的女性会把自己关在放织布机的小屋中来迎接神明，是对可以祛除全村人邪气的"织女星"的信仰。

以上这些综合在一起，就产生了现在的七夕祭典的风俗。在平安宫廷贵族的时代，就已经有在纸条写诗歌和愿望系在竹子上来祈祷的风俗了。

现在的七夕装饰，是在五色的纸条上写上心愿，再系在竹竿上的形式。在前一天也就是6日的傍晚装饰在屋檐下，然后在7日的晚上再收回来。

盂兰盆节

祖先归来

所谓盂兰盆节，就是在7月15日供奉先祖的佛教仪式。但是一般将8月13—16日的4天时间（有的地方是到15日）称为"盂兰盆节"。盂兰盆节的时候会制作"精灵棚"来迎接祖先之灵，供奉供品，如水、线香和蔬菜制作的动物等。最初用黄瓜制作马，用茄子制作牛，应该是为了让祖先之灵可以骑乘马匹，让牛驮载货物。

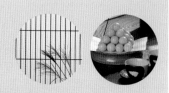

赏　月

月亮最美的季节

　　9月，月圆的那天，被定为赏月之日。从古代开始就将农历的7月称为初秋，8月称为仲秋，9月称为晚秋。在这三个月份的月圆之夜，都会举办赏月的宴会。其中农历8月15日之夜最为隆重。这晚的月亮作为一年中最美的"中秋之月"，人们会供奉应季的水果和花卉，然后进行赏月的活动。

　　这种风雅的活动，在平安时代时就在贵族中广为流传，在江户时代被平民所接受。并且已经不仅仅是为了赏月，也是为了向月亮祈求农作物等的丰收。

七五三

孩子们的节日

　　11月15日为"七五三"。虚岁3岁和5岁的男孩子与虚岁3岁和7岁的女孩子要去参拜出生地的守护神，感谢孩子们的平安成长，也要祈祷以后能生活幸福。

因为以前孩子的死亡率非常高，所以有"7岁之前是神的孩子"这种说法。7岁之前不被认定为社会的一分子，同样也不会定罪和追悼。七五三是一个人幼年时期最大的节日，有着宣布其成为社会的一分子的意义。

12月 DECEMBER

大晦日

一年的结束

所谓晦日是每个月的最后一天。而一年的最后一天也就是12月31日则被称为"大晦日"。在以前，前一天的30日是表示所有为迎接正月的准备和装饰都结束了。在大晦日这一天，要清身静心，进入神社，通宵不睡来迎接年神的到来。

在晚上要吃跨年荞麦面条，这是从江户时代开始的习惯，本来是大晦日之夜的一道必备菜。现在，荞麦面条由于又细又长，又被视作祈祷长命百岁、生活幸福的吉祥食物。

关东杂煮

特点是在出汁中加入烤过的方形年糕。

159 kcal
1人份

材料（2人份）

年糕···································· 2块

萝卜····················（切成5mm厚的圆片）4片

胡萝卜··················（切成5mm厚的圆片）2片

油菜·································· 30g

红色和白色的鱼板··············（1cm厚）各2片

香橙皮 ································少许

出汁···················· 2¹/₂杯（500mL）

盐···················· 1/4小匙（1.25mL）

味淋···················· 1小匙（5mL）

酱油································少许

制作方法

1. 将2片大一些的萝卜片用模具切成菊花的形状，2片较小的萝卜片用模具切成梅花的形状。用1杯出汁将萝卜和胡萝卜煮软，入味。油菜过水，保持颜色鲜艳，然后切成3cm长，分成2等份，将水分挤出。

2. 年糕对半切开，用烤箱（或者烤网）烤成焦黄色。

3. 将剩下的1¹/₂杯出汁煮开，放入盐和味淋调味，再加入一点儿酱油增加香味。

4. 在碗中平放入 **1** 中菊花形状的萝卜，然后在上面放上烤好的年糕。之后将 **1** 中其他的蔬菜和红白两色的鱼板一起摆放进去。

5. 将香橙皮表面薄薄地削一点儿下来，放在上面，然后倒入 **3** 的热汁。

什锦寿司

可以在人偶节享受的美味。

562 kcal
1人份

材料（2人份）

大米	2杯（360mL）
莲藕	100g
胡萝卜	1根
鸡蛋	2个
鳗鱼（切碎）	100g
昆布	4cm 正方形1片
酒	2大匙（30mL）

A
醋	4大匙（60mL）
砂糖	1大匙（15mL）
盐	1小匙（5mL）

B
出汁	1/2杯（100mL）
砂糖	1小匙（5mL）
酱油	1/2大匙（7.5mL）
盐	少许

花椒芽	适量

制作方法

1. 在电饭锅中放入大米。按照刻度放入适量的水，舀出4大匙（60mL）水，同酒混合在一起，放入昆布开始煮饭。

2. 将A中的醋、砂糖和盐混合，砂糖和盐需要完全溶化。

3. 莲藕切薄片后再切成4块，在水里泡一下，然后捞出沥干。胡萝卜切成3cm长的细条。

4. 将B混合倒入锅中，放入莲藕和胡萝卜，在煮的同时翻动食材，直至汤底收干。

5. 将蛋液放入煎锅，开火，用4~5根筷子快速搅动，一直炒到鸡蛋结块。

6. 将米饭移到大一点儿的盆中。将A沿着饭勺转圈淋在米饭上，大范围地搅拌一下。

7. 将拧干水分的湿抹布盖在上面，闷10分钟，让米饭将醋吸收。

8. 一边用扇子扇，一边大范围地翻动米饭，冷却到人皮肤的温度。

9. 将食材摊开在米饭上，大致拌一下。盛入餐盘，撒上花椒芽。

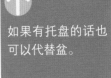

如果有托盘的话也可以代替盆。

17

红豆饼

用较多的红豆馅包裹饭团，日本传统节日彼岸会时不可缺少的一道日式点心。

104 kcal
1个份

材料（24个份）

A	糯米 ………	1杯（180mL）
	大米 ………	1杯（180mL）

热水 ……… 约1/4杯（50mL）

红豆馅（市面购得）… 600g

制作方法

1. 将 A 的两种米合在一起淘洗干净，放在竹帘上，静置20分钟。放入电饭锅，加水至"2"的位置，开始煮饭。在饭比较热的状态下用木杵之类的器具将米饭的饭粒捣碎至一半大小。这时一点点加入热水，一边调节米饭的黏度一边捣，直到变成黏黏的年糕的样子，趁热分成24个份。

2. 将红豆馅分成24个份（一个25g），轻轻地团成圆形，然后用手心轻轻地压扁，将 **1** 放在上面。

3. 推动红豆馅包裹住米饭团。把红豆馅的连接口朝下，整理形状。

赏月团子

十五晚上赏月时搭配的传统的糕点。

48 kcal
1个份

材料(15个份)

粳米粉·························· 200g

温水·········· 约3/4杯(150mL)

制作方法

1. 一边向粳米粉中加入温水，一边揉搓，做成接近耳垂的柔软度的面团。

2. 在蒸屉中放入拧干的湿屉布，将 **1** 揪成5~6块，摆在蒸屉中，用大火蒸20分钟，保证面团中间蒸透。

3. 用新的湿屉布将面团取出，由于面团非常热，所以要用屉布进行揉搓。一直揉面团直到面团重新合在一起，并且更有弹力，更光滑。如果面团过硬，可以加一点点水，面团要和耳垂的柔软程度相当。

4. 将 **3** 分成 15 个份，并团成团子。在蒸屉上铺上烘焙纸，最下层摆放8个团子，之后摆放4个，再上面摆2个，最后一层摆1个。

5. 用大火蒸15分钟。趁热取出，用扇子扇凉，团子会呈现出漂亮的光泽。

跨年荞麦面

若想品尝荞麦本身的风味，那么只搭配汤底食用，之后再加入其他喜欢的配料。

382 kcal
1人份

材料（2人份）

荞麦面条（干面）	150g
烤海苔	1/2 片
萝卜	150g
粗磨黑胡椒	少许
腌萝卜	20g
白芝麻	1小匙（5mL）
韭菜	2根
核桃	适量
梅肉	1/2大匙（7.5mL）

制作方法

1. 将汤底凉凉放置。烤海苔切细丝。

2. 准备3种配料。将萝卜擦成泥，放进笊篱中，自然散去水分，同粗磨黑胡椒混合。将腌萝卜切丝，撒上白芝麻。韭菜切末，核桃切碎，同梅肉拌在一起。

3. 用另外的锅将水充分煮开，按照包装说明将荞麦面条煮好。用笊篱捞出过凉水，沥干水分。

4. 将荞麦面摆盘，上面摆上海苔丝。旁边摆放汤底和**2**中的配料。

汤底

基本的汤底是按照出汁、酱油、味淋，4：1：1的比例制作的。煮开后，便能得到温和的汤底。

材料

出汁	200mL
酱油	50mL
味淋	50mL

制作方法

在锅中加入所有的材料，搅匀后开火，煮沸。等汤底变凉后放入冰箱。

※ 一般搭配荞麦面条食用，也可搭配乌冬面、挂面等食用。

煮米饭的方法

用比较厚的锅煮饭，米饭会更有光泽、更加蓬松。

252 kcal
1人份（150g）

大米的计量方法和用水配比

一杯 =1合 =180mL。用电饭锅附赠的量杯舀1平杯米约为180mL，有些量杯的最大容量为200mL，需要从侧面观察刻度线。

用水量为大米的1.2倍

能否做出好吃的米饭，水的用量是关键所在。因此，在用量杯舀米时，不要用手压紧，达到刻度线并且上表面水平就可以了。水量应为大米量的1.2倍。

材料(适合一次烹饪的分量)

大米·································· 2合(360mL)

水·······················2杯(400mL) +32mL

制作方法

1. 将大米倒入1个大盆，之后倒入水，快速搅动大米，然后将水倒掉。重复2~3次。

2. 倒入水，水量刚好没过大米就可以。用掌根压着大米淘洗，淘洗时会发出沙沙的声音。加水冲洗，将水倒掉。再重复2次。

3. 直到淘米水变得清澈，用笊篱将大米捞出，控20分钟，沥净水分。

4. 准备一个锅体较厚并且盖子较严实的锅，倒入 **3** 的大米和量好的水，让米的表面保持水平，然后盖上盖子。

5. 开大火。等到水煮沸，锅中发出咕噜咕噜的声音，并且盖子和锅之间逸出水蒸气的时候，转为小火，继续煮15分钟，其间不要打开盖子。

6. 用大火加热10秒，散去剩余的水分，从火上取下，闷10分钟。

7. 用蘸过水的饭勺，沿锅内壁将米饭刮下，用饭勺的大头，像将米饭切开一样进行搅拌。

如何煮出美味的出汁

日本料理，最为关键的是出汁的品质。

与西餐和中餐等其他料理中的汤品相比，出汁更加简单和美味。

使用精心熬制的出汁，能提升所有料理的味道。

★鲣鱼出汁

加入昆布后，鲜味更浓的鲣鱼出汁，可以用在清汤甚至炖菜中。本书中提到出汁的地方都可以使用本款出汁。

材料(2人份)

木鱼花……………………………… 15g

昆布………………… 3cm×4cm 2 片(7g)

水………………………… 4杯(800mL)

制作方法

1. 昆布一般都是晒得很硬的，可以用湿抹布轻轻地擦去表面的污垢（ 如果水洗的话会把鲜味洗掉一些 ）。

2. 为了让鲜味更容易出来，需要用厨房剪刀将昆布剪两处2cm 长的豁口。

3. 在锅中加入材料所示分量的水，然后放入昆布，泡15~20分钟，直到昆布充分吸水。

4. 用小火将水煮开(锅的边缘开始产生细小的气泡)，水开后立即将昆布取出。

5. 开大火，沸腾后加入木鱼花。木鱼花容易浮起，可以用筷子压下，然后立即关火。

6. 稍稍静置一下，木鱼花沉下去后，用沾湿的厨房纸巾铺在滤网上进行过滤(不要绞拧)。

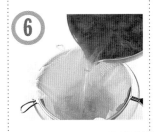

★杂鱼干出汁

从杂鱼干中获得的质朴的味道，主要用于味噌汤、佐面调料汤和炖味道较重的蔬菜时使用。

材料(2 人份)

杂鱼干…………………………………………… 20g

水………………………………………… $3\frac{1}{2}$杯(700mL)

制作方法

1. 将容易产生苦味和臭味的杂鱼干的头和肚子去掉，然后对半破开，将鱼骨拿掉,如果鱼比较大可以再撕一半。

2. 在锅中加入材料所示分量的水，将处理好的杂鱼干放进去。泡30分钟。

3. 开中火，煮沸之后将火调小，认真撇去浮沫，继续煮10分钟。

4. 关火，用沾湿的厨房纸巾铺在滤网上进行过滤。

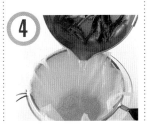

豆腐裙带菜味噌汤

两样食材都很容易熟，所以可以在味噌溶化后再加入，在即将沸腾的时候关火。

69 kcal

1人份

材料（2人份）

豆腐·············· 1/2块（150g）

裙带菜（干品）············ 2g

出汁········ $1\frac{3}{4}$杯（350mL）

味噌······ $1\frac{1}{2}$大匙（22.5mL）

制作方法

1. 豆腐切成1.5cm见方的块。裙带菜用水泡发，然后攥干。

2. 在锅中加入出汁，然后开火。煮沸后立即放入味噌，放入时要将味噌摊开。

3. 立即加入豆腐和裙带菜，煮一下即可。

放入味噌时，要将味噌搅开。

使用购买的出汁时

在很忙的时候，市面上销售的颗粒状、液体以及调味包形式的出汁，就是你强大的盟友。在使用时，调出每道料理的最佳味道是关键，比如做味噌汤的时候就在加入味噌之前加入。炖菜的时候，就在开始炖的时候加入一半，剩下的一半最后放。根据商品的不同，浓度和盐的分量也不同，还需要参考配料表进行使用。但是，大多数还是味道比较重，所以在烹饪的过程中一定要尝一下。

手握寿司

寿司是日本料理的代表之一。熟练掌握了制作寿司的技能，就离成为大厨更近一步。

210 kcal
1人份

材料

寿司米饭(参考 P32) ······················ 适量

寿司配料(根据喜好)

生鱼片用金枪鱼、生食用乌贼、蒸虾、醋渍小鲹鱼、
厚蛋烧·································· 适量

山葵泥································· 适量

醋·································· 适量

制作方法

1. 准备一些跟人体温差不多温度的寿司米饭。将
   金枪鱼、乌贼、厚蛋烧切成容易握住的大小，
   然后和其余的材料摆放在一起。准备好山葵泥
   和手醋(水和醋等比混合)。

2. 在握寿司之前，将手稍稍用手醋打湿，右手取
   15g 左右的寿司米饭，在手中轻轻地滚动 4~5
   次，将米饭弄成一团。

3. 左手指间夹一片配料，将手心朝上，使配料停
   留在手指的第 2 关节处。右手食指涂上山葵泥。

4. 然后在配料上放上寿司米饭。左手拇指按住寿
   司米饭的同时，右手拇指和食指上下挤压米饭。

5. 右手食指轻轻按住寿司米饭，左手稍稍抬起，
   然后寿司向指尖方向滚动半圈，这样就变成了
   配料在上。右手抓住移动回原来的位置。

6. 左手拇指顶住寿司米饭的上部，右手食指和中
   指压住配料，调整形状。

7. 右手拇指和食指捏住两侧然后将寿司前后颠倒
   一下。再按照同样的方法调整形状。

太卷寿司

准备食材的时候分量要大一些。
食材的长度如果和海苔等长的话，会更容易卷起。

766 kcal
1人份

材料(2人份)
寿司米饭(参考 P32)

········ 大米1$\frac{1}{2}$合(270mL)

高野豆腐················· 2块

葫芦干··················· 1.5m

鸡蛋····················· 3个

烤鳗鱼··················· 1条

鸭儿芹··················· 1把

樱花鱼肉松············· 适量

烤海苔··················· 2片

A	出汁 ·········· 250mL
	盐 ·········· 少许
	酱油 ···1/2大匙(7.5mL)
	味淋 ···1/2大匙(7.5mL)

酱油········1/2大匙(7.5mL)

B	味淋 ······2小匙(10mL)
	酱油 ···1/2小匙(2.5mL)
	盐 ·········· 少许

盐······················ 适量

醋(手水用，P32)····· 少许

制作方法

1. 高野豆腐按照说明泡发，然后将水拧干。

2. 葫芦干用水洗干净，用足够多的盐揉搓一下，变软之后将盐洗掉。用热水粗略地焯一下，然后把热水倒掉，再加入足够多的水，开火，煮到透明后，把水倒掉。

3. 在锅中放入 A 开中火，放入 **1** 和 **2** 后盖上锅盖，煮大约15分钟。取出高野豆腐，加入酱油，煮至收汁。分别冷却。

4. 将鸡蛋磕开，放入盆中打散，然后加入 B 混合，用煎蛋器将蛋液煎成厚蛋烧。

5. 将 **3** 的高野豆腐的汤底轻轻挤出，切成 1cm 粗细的长条。将 **3** 中的葫芦干用笊篱捞出，沥干汤底。将烤鳗鱼和厚蛋烧也切成长条。鸭儿芹用热水烫一下。

6. 参考 P32 卷太卷寿司的方法卷起，用菜刀切成适当的大小。

使用的工具

饭盆

制作寿司米饭时使用的工具。在使用前需要先泡在水中，让木头吸饱水分后用抹布擦干。如果在干燥时使用的话，木头材质会将醋吸进去，寿司米饭也会粘在上面。使用后立即用热水清洗，完全晾干后再收起来。

卷帘

在卷起海苔的时候使用的工具。和饭盆一样，在使用后要立即清洗，完全晾干。如果没完全晾干就收起来的话，会发霉。在卷的时候，要将有绳结的一面朝下。

卷太卷寿司的方法

① 准备水（水中稍稍加一些醋），在卷帘上放一张烤海苔（海苔光滑的一面朝下）。放上一半量的米饭，远端留出2cm，近端留1cm的空隙，平整地将饭铺在海苔上。这个时候手上要沾一些水，这样比较容易操作。不要将饭粒按碎。

④ 两只手轻轻地调整外形（这个阶段海苔的一端还可以透过卷帘看见一些）。一边滚动上方的卷帘，一边卷起。

② 从米饭中央向自己的方向，依次放上葫芦干（对折1次）、烤鳗鱼、高野豆腐、厚蛋烧、鸭儿芹、樱花鱼肉松。根据食材的长短，切掉一部分，保持整齐。摆放时并不是摊平摆放，而是堆起来。

⑤ 用两只手轻轻地压实。

③ 一边按压食材，一边将海苔和食材从自己的方向往前卷。感觉要将内侧的米饭和外侧的米饭合在一起。

⑥ 将卷帘取下，切成适当的大小。这时，每切一刀都要用湿抹布擦一下菜刀，这样切出来的寿司才更漂亮。

制作寿司米饭的方法

米饭变凉的话，醋就没办法拌得很均匀了。要在米饭刚出锅还很热的时候拌入醋，趁还没变黏的时候，尽快搅拌。另外，用扇子将米饭扇凉，让水分散掉也是关键之一。

材料（2~3人份）

大米	2合（360mL）
海带	5cm
A 醋	4大匙（60mL）
盐	1小匙（5mL）
砂糖	2大匙（30mL）

② 制作拌饭用的醋。将A混合在一起，砂糖和盐要完全溶解。由于饭盆含有水分，所以要用抹布擦干。

③ ①的米饭煮好后，将海带取出，米饭盛入饭盆中。其间尽量不要破坏米粒，大范围地搅拌2~3次。将②顺着饭勺倒入饭盆中，然后搅拌均匀。

④ 大范围地搅拌2~3次，将A搅拌均匀后，拢成一堆，用拧干水的湿抹布盖在上面，闷5~6分钟，让米饭吸收醋。

① 将米洗净，沥干水分。放入电饭锅内胆中，按照刻度加入水（要减掉2大匙的水量），放入海带。这样静置20分钟，然后正常煮饭。

⑤ 一边用扇子扇风，一边像切开米饭一样地搅拌，散出水分。冷却到人皮肤的温度就可以了。

细卷寿司3种

由于食材比太卷寿司少，所以更容易卷起来。

红金枪鱼寿司　腌萝卜寿司　黄瓜寿司

182 kcal 1人份
154 kcal 1人份
157 kcal 1人份

材料（6根份）

寿司米饭（P32）……………	大米1.5合（270mL）
黄瓜……………………………………	1/2根
腌萝卜…………………………………	40g
绿叶紫苏………………………………	6片
金枪鱼刺身（刺身用）………………	60g
葱末……………………………………	少许
白芝麻…………………………………	少许
烤海苔…………………………………	3片

制作方法

1. 将黄瓜切细丝。

2. 腌萝卜粗略地切成丝，绿叶紫苏对半撕开。

3. 金枪鱼切成细条。

4. 烤海苔对半切开。

5. 在卷帘上铺上烤海苔，横放，使用1/6量的米饭（75~80g），远端留出1cm，近端留出5mm的空隙，平整地铺好米饭。这时可以沾着水操作。

6. 从米饭的中央向靠近自己的方向摆上黄瓜，撒上白芝麻，参考太卷寿司的卷法（左页）卷起。之后再制作一个相同的寿司。同样的方法，将食材换成腌萝卜及2块绿叶紫苏、金枪鱼和葱末，各制作2根。

7. 分别切成适当的大小。

豆腐皮寿司

可以直接将寿司米饭填进去，也可以加入紫苏腌茄子，这样可以增加不同的脆嫩口感。

194 kcal
1人份

材料（6个份）

寿司米饭（P32）………………… 大米1合（180mL）

炸豆腐……………………………………3片

紫苏腌茄子………………………………30g

熟白芝麻…………………… 2大匙（30mL）

A｜ 出汁 ……………………… 200mL

　｜ 砂糖 …………………… 1¹/₂大匙（22.5mL）

　｜ 酱油 …………………… 1¹/₂大匙（22.5mL）

　｜ 味淋 ……………………… 1大匙（15mL）

制作方法

1. 炸豆腐纵向放在砧板上，用一根筷子滚压，所有的地方都要滚到。横向切开，在切口位置用手插进去，将炸豆腐从里面撑开成口袋状，注意不要弄破了。

2. 在锅中放入足够量的热水，煮沸后将 **1** 放入，煮2~3分钟，去除油分。将热水倒掉，用温水清洗，用两只手夹住炸豆腐，将水挤出。

3. 在锅中放入 A，开中火，煮沸后将 **2** 展开放入，盖一个稍小的锅盖。煮大约20分钟，直至汤底收干。摊开在笊篱上，沥掉汤底，冷却后用两手夹住炸豆腐，将汤底轻轻挤出。之后为了方便填入米饭，要将开口处一半左右的位置向外折。

4. 将紫苏腌茄子切成细末，加入寿司米饭中。加入熟白芝麻，快速地搅拌，然后分成6等份，并轻轻捏成圆形。

5. 在 **3** 的炸豆腐中放入 **4**，炸豆腐的四个角也要填入米饭，轻轻捏一捏，调整寿司的形状。

红豆饭

在庆祝宴席上经常出现的红豆饭，用电饭锅很容易就能做成功。
还可以根据喜好加入芝麻盐。

309 kcal
1人份

36

材料(4人份)

糯米·································· 2合(360mL)

红豆·································· 1/3杯(约67mL)

制作方法

1. 将红豆放入锅中，加入足量的水，开中火，沸腾后继续煮2~3分钟，用笊篱捞出，将水倒掉。将豇豆再次放入锅中，加入 200mL 水，再次开中火，沸腾后用小火煮15分钟。

2. 将 **1** 用笊篱捞出，将红豆和汤底分离。

3. 将糯米洗净用笊篱捞出，沥干水分后加入 200mL 水，然后放入电饭锅中。在 **2** 的汤底中加水至200mL，倒入电饭锅中。

4. 再加水至2合米对应的刻度线。搅拌均匀，并将米的表面抹平，在上面铺上红豆，开始煮饭。

5. 完成后，快速地搅拌在一起。

PART 3 米饭·面条

握寿司

准备好喜欢的配料。外形一定要干净整齐，中间不要捏得太紧实。

407 kcal
1人份

材料

热的米饭·· 适量

腌渍三文鱼·· 适量

鳕鱼子·· 适量

梅子干·· 适量

芝麻·· 适量

烤海苔·· 适量

制作方法

1. 腌渍三文鱼烤过之后去皮去骨，掰成大块。鳕鱼子轻轻烤过之后切成 1cm 厚。梅子干去核。准备热的米饭。还需要准备手水 [按照水 200mL（1 杯 ）加 5mL（1 小匙 ）盐的比例混合而成]。

2. 将米饭放入茶杯等比较小的器皿里，然后握住。这样比较容易掌握米饭的量，也能控制握寿司的大小。

3. 两手的手心用手水浸湿，将 **2** 的米饭放在左手上，在中间按一个坑。用手水将米饭的表面涂上盐分。按出的坑由于要放入食材，所以要保证在米饭的中心。

4. 将食材放在米饭的小坑中。

5. 米饭团起来将食材包住。

6. 一边握紧米饭一边将米饭团做成喜欢的形状。制作三角形的握寿司，要用右手的手指抓住一边握出一个角，用左手的指尖和掌心轻轻地夹住米饭，一边向内旋转，一边握紧。根据喜好，撒上适量的芝麻，然后贴上烤海苔。

蘑菇焖饭

将食材和米饭混合在一起，只要饭煮好，这道料理就完成了。

483 kcal
1人份

材料（2 ~ 3人份）

大米·····························2合(360mL)

新鲜香菇····························1包

蟹味菇····························1包

胡萝卜··························1/2小根

鸡胸肉······················1/2片(100g)

A ｜ 酒 ······················1小匙(5mL)

｜ 酱油 ····················1小匙(5mL)

B ｜ 酒 ·····················1大匙(15mL)

｜ 盐 ···················3/4小匙(3.75mL)

｜ 酱油 ··················2小匙(10mL)

｜ 味淋 ··················2小匙(10mL)

◉ 在开始制作之前需要准备的

大米在煮饭之前30
分钟淘洗，放入笊
篱上沥干。

制作方法

1. 将香菇和蟹味菇的根部切掉，香
   菇切薄片，蟹味菇掰开。胡萝卜
   切成7~8mm 见方的块。

2. 将鸡胸肉切成小块，拌上 A 中的
   酒、酱油腌制入味。

将食材摆在上 ➡
面不要搅拌。

3. 将米放入电饭锅，倒入水，加入
   B 中的酒、盐、酱油、味淋调味。

4. 放入到达刻度线的足量的水，搅
   拌一下，让大米表面变平。

5. 将蟹味菇、香菇、鸡胸肉和胡萝
   卜铺平展开，正常煮饭。

6. 煮饭完成后迅速地搅拌一下，盛
   入餐具。

什锦饭

蔬菜要切成一样大，这也是美味的要素之一。

456 kcal
1人份

材料(2～3人份)

大米……………………………2合(360mL)

胡萝卜……………………………… 1小根

牛蒡……………………………… 1/2大根

油炸豆腐…………………………… 1片

A 酒 ……………………… 1大匙(15mL)

　 盐 ……………………3/4小匙(3.75mL)

　 酱油 ……………………… 1大匙(15mL)

羊栖菜……………………………… 少许

切菜方法和大小要保持一致。 →

🔍 在开始制作之前需要准备的

大米在煮饭之前30分
钟淘洗，放入笊篱上
沥干。

制作方法

1. 胡萝卜切成丝，牛蒡去皮削成小片。油炸豆腐
过水去油后切成细丝。

2. 将米放入电饭锅，倒入刻度线所示的水量。舀
出3大匙(45mL)的水，加入 A 混合。

3. 表面抹平，将沥干水分的食材放在最上面铺开，
正常煮饭。煮饭完成后，简单地搅拌一下，盛
入餐具，撒上羊栖菜。

日式咖喱饭

令人怀念的咖喱的香气，记忆中家常菜的味道。

983 kcal

1人份

材料（2人份）

米饭 ························· 2盘

猪里脊肉薄片 ············· 200g

土豆 ················· 1大个（200g）

洋葱 ·························· 1个

胡萝卜 ························ 1根

西红柿 ····················· 1大个

蒜末 ························· 1瓣

生姜末 ······················ 1块

红辣椒碎 ···················· 1个

A｜盐 ··········· 1/3小匙（约1.7mL）

　｜胡椒 ······················ 少许

　｜咖喱粉 ············· 1小匙（5mL）

咖喱粉 ················ 1大匙（15mL）

色拉油 ················ 1大匙（15mL）

小麦粉 ········· 1$\frac{1}{2}$大匙（22.5mL）

B｜出汁 ·············· 2大匙（30mL）

　｜酱油 ········ 1$\frac{1}{2}$大匙（22.5mL）

　｜味淋 ············· 1大匙（15mL）

※可搭配什锦八宝菜、薤菜等喜欢的小菜食用。

制作方法

1. 将猪里脊肉切成适当的大小，撒上 A 中的盐、胡椒、咖喱粉，揉搓入味。

2. 将土豆切成适当的大小，用水泡一下后沥干。洋葱纵向切开，胡萝卜切滚刀块。

3. 加热色拉油，放入胡萝卜、生姜末、蒜末和红辣椒碎煸炒，待香味逸出时撒入咖喱粉继续煸炒。

4. 加入猪里脊肉翻炒，待变色后，再放入土豆、洋葱、胡萝卜一起翻炒。

5. 待油沁入后，撒入小麦粉，继续翻炒。

6. 西红柿切块，和 B 的调味料拌在一起，煮15~20分钟直到西红柿软烂。配米饭食用。

亲子盖饭

将鸡蛋做得松软才是这道菜的要点。

619 kcal
1人份

制作方法

1. 将鸡胸肉切成适当的大小；洋葱纵向切开。

2. 将 A 混合，煮沸后加入鸡胸肉。再次煮沸加入洋葱煮 4~5 分钟，然后倒入打散的蛋液。

3. 立即盖上盖子，改小火煮 30 秒左右关火。将浇头盖在米饭上，烤海苔撕开撒在上面。

材料(2人份)

米饭	2份盖饭的量
鸡胸肉	1/2块
鸡蛋	2个
洋葱	1/2个
A 出汁	3/4杯(150mL)
味淋	1大匙(15mL)
酱油	1大匙(15mL)
烤海苔	适量

蛋液在沸腾的时候下锅。

牛肉盖饭

鸭儿芹的香味赋予了这道料理层次感。

617 kcal
1人份

制作方法

1. 将洋葱纵向切开，每2层剥开。

2. 将 A 的出汁、酱油、味淋混合在一起，煮沸后先放入洋葱再放入牛肉碎。撇去浮沫。

3. 煮3～4分钟，将切成3cm长的鸭儿芹加入一起煮。在米饭上盖上做好的浇头。

PART 3
米饭·面条

材料(2人份)

米饭	2份盖饭的量
牛肉碎	100g
洋葱	1/2个
A 出汁	2/3杯(约134mL)
酱油	2大匙(30mL)
味淋	2大匙(30mL)
鸭儿芹	1/2把

牛肉碎在洋葱稍稍煮一下之后放入。

肉碎盖饭

香气浓郁的猪绞肉配上炒蛋，非常美味。

634 kcal
1人份

材料(2人份)

米饭	2份盖饭的量
猪绞肉	100g
鸡蛋	2个
A 盐	少许
砂糖	1/2大匙(7.5mL)
B 酒	1小匙(5mL)
砂糖	1小匙(5mL)
酱油	2小匙(10mL)
鸭儿芹	1/2把
酱油	1小匙(5mL)

制作方法

1. 在打好的蛋液中加入 A 搅拌均匀，放入煎锅，开火。用4根筷子，将鸡蛋搅碎，快速搅拌，煎熟。

2. 在煎锅中放入猪绞肉和 B，搅拌均匀，开火。用4根筷子，将猪绞肉打散，快速搅拌，煎熟。

3. 鸭儿芹简单切段，用水焯一下。将水分挤出，然后拌入酱油。在米饭上放上 **1** 和 **2**，撒上鸭儿芹。

在开火之前，将肉和调味料搅拌均匀。

①

②

③

萝卜泥荞麦面

荞麦面配上萝卜泥、蒸鸡肉、裙带菜和梅子肉，口感特别清爽。

389 kcal
1人份

材料（2人份）

干荞麦面	150g
萝卜泥	150g
裙带菜块（干燥）	2g
鸡胸肉	2块
梅子干	1个
A ┌ 出汁	1.5杯（300mL）
│ 砂糖	1小匙（5mL）
│ 酱油	2大匙（30mL）
└ 味淋	2大匙（30mL）
B ┌ 盐	少许
└ 酒	1大匙（15mL）
山葵酱	少许

制作方法

1. 将 A 混合在一起煮开，制作汤底，冷却待用。

2. 将萝卜泥放在笊篱上沥干水分。裙带菜块用水泡发，挤出水分。

3. 将鸡胸肉放入小锅中，撒入 B 调味。加入 1/4 杯（50mL）热水，焖煮至熟透。放在汤底中冷却，然后撕成肉丝。

4. 使用和煮挂面相同的方法（P53）将干荞麦面煮熟。冲洗过后用干笊篱捞起，沥干水分。

5. 盛入餐具，摆上裙带菜、鸡胸肉、撕碎的梅子干、萝卜泥和山葵酱，浇上汤底。

重点

调好味的鸡胸肉在加入热水之后盖上盖子，煮7~8分钟。为了防止失去鲜味，要盖着盖子，直到鸡肉冷却后撕成小条。

什锦挂面

挂面的配菜色彩缤纷十分好看，在准备食用的时候再加入汤底。

463 kcal
1人份

材料（2人份）

挂面	······	150g
烤鳗鱼	······	1/2条
厚蛋烧	······	1个份
西红柿	······	1/2个
黄瓜	······	1/2根
芦笋	······	4根
A 出汁	······	$1\frac{1}{2}$杯（300mL）
酱油	······	1大匙（15mL）
味淋	······	2大匙（30mL）
盐	······	1/4小匙（1.25mL）
熟白芝麻	······	少许

制作方法

1. 将 A 混合在一起，煮沸作为汤底，凉凉放置。

2. 将挂面煮熟。

3. 将烤鳗鱼、厚蛋烧、西红柿切成适当大小，黄瓜切片。芦笋烤制上色，切成4cm 长的小段。

4. 挂面装入器皿中，将 **3** 的食材摆在上面，撒上熟白芝麻，最后浇上汤。

煮挂面的方法

1. 在锅中加入足够的热水，煮沸，迅速地将挂面散开放入水中，用筷子画大圈搅开。

2. 沸腾之后点少量凉水再次煮沸，之后挑起一根面条，试一下面条的熟度。

3. 将热水倒出，用流动的水冲洗一下，放到笊篱上将水沥干。

烩乌冬面

脆嫩的水菜口感绝佳。从鸡肉和出汁中炖出的醇香风味让你整个身体都温暖起来。

495 kcal
1人份

材料(2人份)

乌冬面(冷冻) ·························· 2团

鸡腿肉····························· 1块(200g)

水菜····························· 200g

A | 出汁 ····················· 3.5杯(700mL)

   酒 ························· 2大匙(30mL)

   盐 ······················· 1/2小匙(2.5mL)

   味淋 ························ 1大匙(15mL)

   酱油 ····················· 1/2大匙(7.5mL)

制作方法

1. 鸡腿肉切成适当大小；水菜切成5~6cm 长。

2. 将 A 混合，开火。煮沸后放入鸡腿肉，继续
    煮7~8分钟。

3. 将冻住的乌冬面放入，继续炖煮。

4. 加入水菜一起煮。

重点

冷冻乌冬面要在冻住的时候放入煮沸的煮汁中，等自然化开后，用筷子搅动。使用熟面的时候，要用热水将表面滑滑的东西洗掉之后再炖。

🔍 烹饪笔记

乌冬面可以根据自己喜好选择

根据你想做的料理来选择乌冬面的粗细，这是非常重要的部分。本款食谱使用的是冷冻乌冬面，你也可以根据喜好选择干面、鲜面、熟面等。在使用干面的时候建议煮得稍硬一些。尽快放入水中，洗的时候将表面滑滑的东西洗掉，然后将水彻底沥干之后再炖。在使用鲜面的时候，煮之前将生粉抖落干净。

寿喜锅

关东风酱汁非常容易入味，因此酱汁不要一次放得太多，慢慢地
增加是本道菜谱的秘诀所在。

670 kcal
1人份

材料（2人份）

牛里脊肉（寿喜锅专用） ················· 300g

魔芋丝 ······························· 1袋

煎豆腐 ······························· 1块

葱 ································· 2根

茼蒿 ······························· 1把

鸡蛋 ······························· 适量

A｜酱油 ························· 3/4杯（150mL）

　　砂糖 ························· 2大匙（30mL）

　　水 ··························· 1杯（200mL）

　　味淋 ························· 1/2杯（100mL）

牛肥肉 ······························· 适量

用热水煮一下，去除异味。

制作方法

1. 用小锅将混合好的 A 煮沸，制作酱汁。

2. 将魔芋丝切几刀，加入沸水中，煮 1~2 分钟，用笊篱捞起沥干水分。

3. 煎豆腐切成适当大小。葱斜着切段，茼蒿留叶。

4. 将寿喜锅（专用）锅热好，放入牛肥肉煎出油脂。放入牛里脊肉，粗略地将两面煎一下。

5. 加入葱段后倒入酱汁。按照魔芋丝、煎豆腐、茼蒿的顺序，煮好之后淋上蛋液即成。

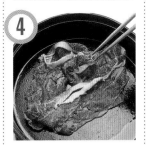

PART 4 炖锅·汤

关东煮

出汁是这道关东料理的关键所在。

304 kcal
1人份

材料（4人份）
◎食材

萝卜·······································1/2根

海带（ 3cm×30cm ）···················4片

蒟蒻块·······································1块

油炸豆腐丸子·····························4个

炸豆腐·······································1片

鸡蛋···4个

竹轮麸·······································1根

竹轮···4根

牛蒡卷和鱼丸等鱼肉制品···········适量

◎汤底

出汁（ 海带和木鱼花熬制 ）·······6杯(1200mL)

酒·····································1/2杯(100mL)

味淋··································3大匙(45mL)

酱油··································2大匙(30mL)

盐·····································1小匙(5mL)

◎配料

辣椒酱·······································适量

重点

油炸豆腐丸子和炸豆腐等用油炸过的食材，粗略地用水煮一下，去除油分，这样会更好吃。

食材能否入味，放入的顺序特别关键。

制作方法

1. 参考 P24 制作海带和木鱼花的出汁。

2. 将油炸豆腐丸子、炸豆腐和喜欢的鱼肉制品稍煮一下去除油分。

3. 海带用水泡发，打结并切断。

4. 鸡蛋煮好后去壳。

5. 萝卜去皮后切成2~3cm 厚的圆片。蒟蒻块的表面划上格子状的口子，并切成4块，过水，去除异味。竹轮麸斜着切成3~4cm 的厚度。

6. 在锅中放入汤底的材料和萝卜、海带、蒟蒻，开火，沸腾后改小火煮30~40 分钟。等萝卜变软后加入油炸豆腐丸子、炸豆腐和煮鸡蛋，继续煮20分钟。最后加入剩下的材料再煮15~20分钟，让食材入味。用餐具将食材分开，就辣椒酱食用。

涮锅

自己制作的蘸料特别美味。

325 kcal
1人份

材料（4人份）

◎ 食材

牛肉（涮锅用）·····························400g

胡萝卜··································1根

葱··································2根

韭菜··································1把

◎ 汤底

酒·····························1/4杯（50mL）

水··································适量

◎ 蘸料（调味柚子醋）

调味柚子醋····························适量

◎ 蘸料（芝麻蘸料）

出汁·····························6大匙（90mL）

芝麻酱····························4大匙（60mL）

酱油、砂糖、醋···············各1大匙（15mL）

◎ 佐料

葱末、生姜泥、辣椒粉···················各适量

制作方法

1. 将牛肉一片一片小心地展开，摆盘要方便夹起。

2. 用削皮刀将胡萝卜削成10cm长的薄片。葱切成10cm的长度，纵向剖开，拿掉中间的心，然后切成1cm宽的条。韭菜切成10cm的长度。

3. 将芝麻蘸料的材料混合在一起。

4. 在锅中倒入酒和水，大概倒入七分满。

5. 给 **4** 加热，沸腾后，按照食用分量，将 **1** 和 **2** 少量放入锅中，煮熟的食材可以搭配自己喜欢的佐料和蘸料食用。

重点

要选择切得很薄的牛肉。喜欢清爽口感的人，可以选择胸口等肥肉较少的部位。

🍲 从中国传入的涮锅

日本涮锅是源于中国的涮羊肉，传到日本之后，日本人尝试改为使用比较容易接受的牛肉。

在沸腾的热水中，轻轻涮动肉片，"涮锅"以此得名。

PART 4 火锅·汤

豆腐锅

在想要品尝豆腐美妙滋味的冬季，这是必点菜品。

156 kcal
1人份

材料（4人份）
◎食材

木棉豆腐·· 2块

葱··· 3根

◎汤底

海带（10cm见方）····························· 1片

水·· 适量

◎蘸料（土佐酱油）

木鱼花··· 5g

酱油·································· 1/2杯（100mL）

酒····································· 2大匙（30mL）

◎佐料

香葱末、粗磨白芝麻、酸橘··················· 各适量

制作方法

1. 在石锅里放入海带，将水倒入七分满，放置约
   20分钟。

2. 将豆腐切块，葱斜切成段。

3. 在小锅中放入酱油和酒煮开，再加入木鱼花煮
   一下，关火后用滤网过滤，制成土佐酱油。

4. 在 **1** 中放入豆腐，开中火。煮沸后加入葱。煮
   好的食材可以配着土佐酱油和喜欢的佐料一起
   食用。

● 味道的关键是
优质的海带

像豆腐锅这样只用出汁煮一下的锅品，出
汁本身的味道左右了锅品的全部风味。制
作美味的海带出汁，选择海带就成了关键。
品质上乘的海带颜色发黑，也比较厚，干
燥度也比较高。为了保证海带的品质，一
定不要受潮。

重点

木鱼花要稍稍煮一下，
酱油会增加木鱼花的
鲜味。

PART 4
炖锅·汤

什锦锅

汤底的味道非常清淡，适合随餐饮用。

356 kcal
1人份

材料（4人份）

◎食材

鸡胸肉··················	1块
鲷鱼肉··················	2片
虾·····················	8只
白菜···················	1/4棵
葱·····················	2根
蟹味菇·················	1包
胡萝卜·················	1根（100g）
萝卜···················	300g

◎汤底

酒·····················	1/4杯（50mL）
味淋···················	2大匙（30mL）
酱油···················	1大匙（15mL）
盐·····················	1/2小匙（2.5mL）
出汁···················	4杯（800mL）

制作方法

1. 鸡胸肉切成适当大小；鲷鱼肉也切成适当大小；
   虾要取出虾线。

2. 将白菜的帮和叶分开，分别切成适当大小。葱
   要斜切成段。蟹味菇去根，掰开。胡萝卜和萝
   卜去皮切成5mm厚的圆片，可以的话用模具
   切成菊花形状。

3. 在石锅中加入汤底的所有材料。开中火，沸腾
   后加入萝卜和胡萝卜。

4. 萝卜和胡萝卜煮熟后加入 **1** 和剩下的蔬菜以及
   蟹味菇。煮熟后就可以食用了。

● 汤底里有着食材味
  道的什锦锅

可以将厨房里剩下的食
材煮来吃，这正是什锦
锅的魅力所在。不论是
肉还是鱼贝类、蔬菜、
豆腐，都可以试一下。

重点  很难煮熟的萝卜和
胡萝卜可以预先煮
好。

鸡肉汆锅

用带骨头的肉，味道更棒。

322 kcal
1人份

材料(4人份)

◎食材

带骨鸡肉 (将骨头切断) ·················· 800g

葱·································· 2根

冬葱································ 1把

◎出汁

海带(10cm 见方)·················· 1片

酒·························· 1/4杯(50mL)

水································ 适量

◎蘸料

调味柚子醋···················· 适量

◎佐料

葱末、辣味萝卜泥、粗磨黑胡椒········ 各适量

制作方法

1. 在石锅中放入海带和酒，加水到七分满，静置
20分钟。

2. 葱斜切成段，冬葱切成5~6cm 长的段。

3. 将 **1** 的锅煮沸后加入鸡肉，撇去浮沫后再煮
20~30 分钟。鸡肉煮熟后加入 **2**。食材煮熟后
配着调味柚子醋和喜欢的佐料食用。

鸡肉要将骨头剁开，骨
头中也会煮出肉汁，汤
底也会更浓郁。

鸡肉中出来的浮沫要仔
细地撇出。

🍲 配着蘸料食用的鸡肉氽锅

鸡肉氽锅是用热水和出汁制作的料理，一般用
带骨的鸡肉，是博多地区的知名料理。不给出
汁和汤再次调味，可以配着调味柚子醋等蘸料
食用。

由于带骨的肉能煮出鲜美的肉汁，只要最后用
盐调一下味，再配上生姜和葱等味道比较足的
佐料同吃，便是无上的美味。

鳕鱼锅

白色的白身鱼配上柚子醋来品尝。

449 kcal
1人份

材料(4人份)

◎食材

新鲜鳕鱼·······························6块

白菜·······························1/4棵

葱·······························2根

◎出汁

海带(10cm 见方)·······················1片

酒·······························1/4杯(50mL)

水·······························适量

◎蘸料

调味柚子醋·······················适量

◎佐料

葱末、辣味萝卜泥······················各适量

制作方法

1. 在石锅中放入海带和酒，加水到七分满，静置 20分钟。

2. 鳕鱼切成适当的大小。

3. 白菜切成适当的大小；葱切成4~5cm 长的段。

4. 将 **1** 的锅煮沸后加入 **2** 和 **3**。食材煮熟后配着 调味柚子醋和喜欢的佐料食用。

❀ **水煮后配着蘸料食用的就是什锦锅。**

所谓什锦锅就是将鱼贝类(主要为白身鱼)与豆 腐和蔬菜一起煮，然后配上调味柚子醋等的蘸 料和佐料一起食用的料理。也就是原来的海鲜 锅。

但是近年来，食材种类越来越多，渐渐开始不 加入酱油和味噌了，所以都归为什锦锅类。

菠菜炸豆腐味噌汤

加入味噌之后不要煮沸，这就是美味的秘诀。

61 kcal
1人份

材料（2人份）

菠菜	100g
炸豆腐	1/2片
出汁	$1^3/_4$杯（350mL）
味噌	$1^1/_2$大匙（22.5mL）

制作方法

1. 将菠菜用热水粗略地烫一下，然后将水挤出，切成3cm长的段。

2. 将炸豆腐在热水中过一下，除去油分。纵向切开，切成7~8mm宽的条。

3. 在锅中加入出汁，开火，加入炸豆腐，煮软后加入菠菜煮熟。

4. 味噌用出汁化开，加入锅中，在即将沸腾的时候关火。

重点

加入味噌后等咕嘟咕嘟沸腾时，就是煮过头了，这样口中会留下过多的咸味。所以味噌一定要在最后加入，并且要在即将沸腾的时候关火。

洋葱土豆味噌汤

先用出汁将土豆煮软，之后加入洋葱。

82 kcal
1人份

制作方法

1. 将土豆切成 7~8mm 厚的片后再对半切开，用水洗掉表面的淀粉。洋葱纵向切条。

2. 在锅中加入出汁，开火，加入土豆，煮软后加入洋葱煮熟。

3. 味噌用出汁化开加入锅中，在即将沸腾的时候关火。

材料（2人份）

洋葱·························· 1/2个

土豆·························· 1个

出汁······················ $1\frac{3}{4}$杯（350mL）

味噌··················· $1\frac{1}{2}$大匙（22.5mL）

🔍烹饪笔记

这样的组合一样美味

味噌汤的内容不要墨守成规，要注意变化。卷心菜＋荷兰豆、猪肉＋韭菜、土豆＋裙带菜、青椒＋南瓜、南瓜＋襄荷、秋葵＋洋葱、茄子＋扁豆、芹菜＋西红柿、芜菁＋鸡胸肉、山药＋蟹味菇、灰树花菌＋莲藕、朴蕈＋豆腐、萝卜＋油炸豆腐等组合，一样美味。

猪肉汤

分量十足，营养满分。可以作为配菜的汤品。

221 kcal
1人份

制作方法

1. 将萝卜和胡萝卜切成 3~4mm 并分成4份。蒟蒻块用汤匙切一下，然后焯水。

2. 加热色拉油，将猪肉炒一下，等肉变色后，加入 **1** 继续翻炒。

3. 所有食材都浸入油之后，加入2杯水(400mL)。沸腾后改小火，撇去浮沫后，继续煮至食材变软。

4. 用一点儿汤底将味噌化开，葱末撒到锅中。

材料(2人份)

猪肉	100g
萝卜	100g
胡萝卜	1/2根
蒟蒻块	1/2块
色拉油	1/2大匙(7.5mL)
味噌	2大匙(30mL)
葱	1/2根

重点

过多的水分会让食材难以入味，用汤匙将蒟蒻切成适当的大小，这样接触煮汁的面积增大了，味道就更容易渗入食材中。

酒糟鲥鱼汤

鲥鱼和酒糟的鲜味和醇香，沁人心脾。

371 kcal
1人份

制作方法

1. 将 A 中的酒糟掰成小块，泡在出汁中，和味噌化在一起。

2. 将鲥鱼对半切开。

3. 将萝卜和胡萝卜切成长方块儿。

4. 用大火煮出汁，沸腾后加入鲥鱼。再次煮沸后转为中火，撇去浮沫，加入 **3** 后继续煮7~8分钟。

5. 加入 **1** 煮透，将鸭儿芹切成3cm 长，撒到上面。

材料（2人份）

鲥鱼鱼身	2块
萝卜	100g
胡萝卜	1/2根
A 酒糟（板粕）	100g
出汁	1/2杯（100mL）
味噌	2大匙（30mL）
出汁	$1\frac{1}{4}$杯（250mL）
鸭儿芹	少许

重点

酒糟（板粕）是板状的，所以一开始就将其掰成小块，并泡在出汁中，待其变软后就比较容易和味噌混在一起了。

73

牛蒡豆腐汤

窍门就是要将豆腐中的水分炒干。

104 kcal
1人份

制作方法

1. 将豆腐用手捏碎放到笊篱上，用10分钟沥干水分。

2. 将牛蒡的外皮削掉，削成薄片，用水充分清洗，然后沥干水分。

3. 在锅中加入芝麻油，油热后将豆腐炒一下。水分爆干后加入牛蒡，牛蒡失掉水分后再稍炒一下。

4. 加入出汁煮5~6分钟。等牛蒡变软后，加入盐和酱油调味。

材料(2人份)

木棉豆腐	1/2块
牛蒡	1/4根
芝麻油	1/2大匙(7.5mL)
出汁	2杯(400mL)
盐	少许
酱油	少许

重点

豆腐要用芝麻油炒一下。这样处理过之后，多余的水分散掉了，更容易吸收牛蒡的鲜味，味道也会更浓郁。

沙丁鱼丸汤

仔细地撇去浮沫，这样汤就不会变浑。

184 kcal
1人份

制作方法

1. 将 A 中的葱段和生姜切成细末。剩下的葱斜切成薄片。

2. 将沙丁鱼用手撕开，取出鱼骨，切碎。加入 A 中搅拌均匀，剁成肉糜。

3. 在锅中加入 B，开大火。沸腾之后，用汤匙挑起 **2**，调整形状后放入汤中。

4. 再次煮沸后转小火，撇去浮沫，直到煮到鱼丸浮起。煮熟之后用盐调味，最后撒上葱。

材料(2人份)

沙丁鱼	·········	2条
A	葱段 ·········	8cm
	生姜 ·········	1块
	酒 ·········	1大匙(15mL)
	盐 ·········	少许
B	水 ·········	$1\frac{3}{4}$杯(350mL)
	酒 ·········	1/4杯(50mL)
盐	·········	少许
葱	·········	1根

重点

沙丁鱼加入足量的葱一起剁碎。用两个汤匙制作鱼丸，比较容易调整形状，也不容易弄脏手。

烤鸡肉串

闻起来特别香，甜咸的酱油味道令人食欲倍增。

304 kcal
1人份

材料(2 ~ 3人份)

鸡腿肉·· 1块(200g)

◎酱料

酱油·· 1/2杯(100mL)

味淋·· 1/2杯(100mL)

砂糖·· 1/2大匙(7.5mL)

葱(葱叶) ···································· 10cm

薄生姜片·· 2片

※ 竹签(约12cm 长)要预先用水浸湿。

制作方法

1. 酱料的材料放入锅中，用小火煮30分钟。

2. 鸡腿肉的皮向上，从腿根的位置开始将皮剥下。如果有脂肪块的话，也用刀剃掉，然后切成2~3cm 见方的块。

3. 将鸡腿肉放在案板靠近自己的一侧，按住上面，然后平行地将竹签插入。一根竹签上穿 4 块鸡肉，竹签的尖端要穿出来。由于穿竹签的时候要非常用力，所以要注意不要扎到自己的手。

4. 在炉灶上放上烤网，因为要用远火大火烤制，所以得在烤台上下点儿功夫（ 照片中使用的是磅蛋糕的锡纸模具去掉底面之后配上烤网 ），将 3 摆放好。

5. 用远火大火烤制。因为烤台两端的位置火比较小，所以要经常变换竹签的位置。

6. 下方的肉变色之后，就可以翻面了。将 1 的酱料涂在鸡肉上。

7. 将 6 放回烤台上，烤干了就涂酱料，重复一直到烤制完成。

照烧鸡肉

美味的秘诀就是在鸡肉的两面用叉子扎一些小眼儿，容易熟也更容易入味。

265 kcal
1人份

材料(2人份)

鸡腿肉(或者鸡胸肉) ⋯⋯⋯⋯⋯⋯ 1块(200g)

A | 酱油 ⋯⋯⋯⋯⋯⋯⋯⋯⋯⋯ 1大匙(15mL)

　 | 味淋 ⋯⋯⋯⋯⋯⋯⋯⋯⋯⋯ 1大匙(15mL)

色拉油⋯⋯⋯⋯⋯⋯⋯⋯⋯⋯ 1/2大匙(7.5mL)

狮子唐辛子(辣椒) ⋯⋯⋯⋯⋯⋯⋯⋯ 10根

> 皮要扎透。 ↗

制作方法

1. 在鸡肉的两面都用叉子扎上小眼儿。这样煎过之后就不会缩得那么厉害，也更容易入味。

2. 将 A 混合均匀涂在鸡肉上，静置 10 分钟，时不时翻动一下。

3. 在炒狮子唐辛子的时候，注意不要弄破了。用竹签扎一些小眼儿，用色拉油稍稍炒一下就可以了。

4. 沥干鸡肉上的酱汁，有皮的一面向下，放入同一个煎锅中，用大火煎至上色，然后翻面。

5. 两面都上色后改为中火，盖上盖子焖4~5分钟。

6. 再调回大火，将剩下的酱汁倒入，煎至酱汁收干。切成适当的大小，盛入盘中，摆上狮子唐辛子。

> 此步骤要保证鸡肉中间也能熟透。 →

蔬菜炖鸡肉

炒鸡肉的香味和莲藕的酥脆口感非常搭配。

390 kcal
1人份

材料（2人份）

鸡腿肉····································	1块(200g)
胡萝卜····································	1大根
莲藕······································	200g
芝麻油····································	1/2大匙(7.5mL)
A 酒 ·······························	2大匙(30mL)
水 ···································	1杯(200mL)
砂糖 ································	1/2大匙(7.5mL)
盐 ···································	1/4小匙(1.25mL)
酱油 ································	1大匙(15mL)
味淋 ································	1大匙(15mL)

制作方法

1. 将鸡腿肉切成适当的大小。胡萝卜切成小块，莲藕也同样，在水中泡 7~8 分钟，然后沥干水分。

2. 在煎锅中加入芝麻油，加热，开大火，将鸡腿肉炒一下。

3. 等鸡肉表面变成焦黄色之后，加入胡萝卜和莲藕，一并翻炒。

4. 所有食材都沾上芝麻油之后，按照酒、水、砂糖、盐、酱油、味淋的顺序加入 A 中的调料。

5. 沸腾之后开中火，时不时翻动一下，煮 12~13 分钟，等大部分汤底收干。

PART5 肉料理

| 挑战 | Variations | 加入蒟蒻块 |

材料（2人份）

鸡腿肉1块(200g)，胡萝卜1根，莲藕150g，蒟蒻块1块，芝麻油1/2大匙(7.5mL)，酒2大匙(30mL)，出汁1/3杯(约67mL)，砂糖、酱油、味淋各1大匙(15mL)，盐1/2小匙(2.5mL)，花椒芽少许

制作方法

将蒟蒻块切成适当的大小，用水焯一下。在炒莲藕和胡萝卜的时候同时加入蒟蒻块，之后调味炖煮。最后放上花椒芽。

焖煎鸡肉·调料汁

焖煎的鸡肉非常嫩，配上加入芝麻和醋的调料汁非常好吃。

305 kcal
1人份

材料（2人份）

鸡腿肉（或者鸡胸肉） ·············· 1块（200g）

A ┃ 盐 ··· 少许

┃ 酒 ································ 1大匙（15mL）

色拉油················· 1/2大匙（7.5mL）

酒················· 1大匙（15mL）

B ┃ 葱 ··5cm

┃ 生姜 ·································· 1块

┃ 酱油 ···················· 1大匙（15mL）

┃ 熟白芝麻 ··············· 1大匙（15mL）

┃ 砂糖 ············· $1^1/_2$小匙（7.5mL）

┃ 醋 ······················ 1大匙（15mL）

┃ 芝麻油 ··············· 1/2小匙（2.5mL）

制作方法

1. 鸡肉两面都用叉子扎一些小眼儿，加入A，揉捏鸡肉使其入味。

2. 在煎锅中加入色拉油，加热后放入鸡肉，鸡皮向下，用大火煎制。

3. 待颜色变得焦黄，洒入一些酒，然后盖上盖子，用中火焖煎7~8分钟，让鸡肉熟透。

4. 将B中的葱和生姜切细末，加入B中其余的材料，混合。

5. 待鸡肉凉透后，切成适当的大小，盛入餐具中，撒上 **4** 的调料汁。

🍃 烹饪笔记

"酒"是让食材变得更美味的优秀调味品

酒不仅可以消除肉和鱼的腥味，还能让食材变软，提升鲜味等，用途广泛，效果明显，是日式料理中不可缺少的调味料之一。由于料酒中加入了调味料，所以尽可能使用"清酒"。

PART 5
肉料理

立田炸鸡肉

炸的时候使用煎锅的话，用较少的油就可以完成。

428 kcal
1人份

材料（2人份）

鸡腿肉（或者鸡胸肉）············ 1大块（250g）

A ｜ 酱油 ·····························1大匙（15ml）

｜ 酒 ···························· 1/2大匙（7.5mL）

｜ 味淋 ·························· 1/2大匙（7.5mL）

太白粉······························· 适量

炸制用油···························· 适量

酸橘······························· 适量

> 这个步骤会让鸡肉外皮更加酥脆。

制作方法

1. 将鸡肉上多余的皮和脂肪去掉，两面用叉子扎一些小眼儿，切成适当的大小。

2. 将 A 混合在一起，涂在鸡肉上，揉捏鸡肉使其入味。腌制大约15分钟，时不时翻动一下。

3. 用厨房用纸将鸡肉包住，将表面的汁液吸干净。

4. 即将入锅时，在鸡肉表面抹上太白粉，表面多余的太白粉要抖掉。

5. 将油加热到170~180℃，然后放入鸡肉，其间要注意翻面，使两面上色均匀。鸡肉中间也要熟透。

6. 铺上厨房用纸，将炸鸡肉放在上面，能吸去多余的油分。盛在餐具中，旁边放上切开的酸橘。

●烹饪笔记

最适合放在便当中当配菜

又香又脆的油炸"立田炸鸡肉"，可以配米饭或者作为下酒菜。由于鸡肉容易入味，即使凉了也非常好吃，所以可以先做好装入便当第二天食用。

治部炖鸡胸肉

鸡胸肉沾上荞麦粉再加入沸腾的汤底，变得特别的爽滑适口。

209 kcal
1人份

材料(2人份)

鸡胸肉	4块(200g)
胡萝卜	1/2小根
荷兰豆	50g
荞麦粉	2~3大茶匙(30~45mL)
酱油	1小匙(5mL)

A	出汁	$1^{1}/_{2}$杯(300mL)
	酒	2大匙(30mL)
	味淋	1大匙(15mL)
	砂糖	1小匙(5mL)
	盐	1/2小匙(2.5mL)
	酱油	1/2大匙(7.5mL)

山葵油	少许

> 所有的鸡肉都要沾
> 上调味料。 ↗

制作方法

1. 将胡萝卜切成3cm长、1cm宽的长条。荷兰豆去筋。

2. 鸡胸肉切成适当的大小，用酱油腌制一下。

3. 将A混合,开火,将胡萝卜放进去煮。沸腾之后,将鸡肉沾满荞麦粉后,翻入汤底中。

4. 煮5~6分钟,食材熟透后,将荷兰豆加进去一起煮。连同汤底一起盛入餐具中,最后淋上山葵油。

🔍 烹饪笔记

什么叫"治部炖菜"

治部炖菜是加贺地区的代表性料理,使用鸭肉制作所以非常有名。传说以前在金泽城建成的时候,庆祝宴会中第一次出现此料理。也有说汤底沸腾的声音非常像"治部治部",所以才叫治部炖菜。本款食谱使用鸡胸肉,制作更加简单。鸡肉稍稍腌制之后沾上荞麦粉(可以用小麦粉代替)放入汤底中炖煮。之后咕嘟咕嘟地煮一会儿,入味即可。

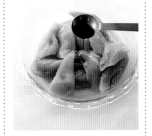

牛蒡炖鸡翅

鸡翅在炖煮之前要将表面煎到焦黄，这才是美味的关键。

257 kcal
1人份

材料（2人份）

鸡翅·································· 6个

牛蒡·································· 1根

芝麻油···················· 1/2大匙（7.5mL）

A | 酒 ····················· 3大匙（45mL）

　 | 热水 ····················2杯（400mL）

　 | 味淋 ···················· 1大匙（15mL）

　 | 酱油 ···················· 2大匙（30mL）

用菜刀刀尖剖开鸡翅反面。 →

制作方法

1. 将牛蒡去皮后，切成4cm长，在水中浸泡10
   分钟左右然后晾干水分。

2. 在鸡翅内侧沿骨头切开。这样鸡翅更容易熟透，
   也更容易入味。

3. 在煎锅中加入芝麻油，加热后将鸡翅煎到焦黄。
   待鸡翅上色后加入牛蒡翻炒。

4. 油被吸收后，淋入酒，按照热水、味淋、酱油
   的顺序进行调味。

5. 沸腾之后，改小火，撇去浮沫。盖上一个小一
   点儿的锅盖。

6. 时不时上下翻动一下，煮25~30分钟。

小锅盖可以让汤底
更美味。 →

PART 5
肉料理

炸猪排

能熟练掌握食材准备时的小技巧，猪排炸出来会更脆。

508 kcal
1人份

材料（2人份）

猪里脊肉（炸猪排专用）	2片
盐	少许
胡椒	少许
A 小麦粉	适量
蛋液	适量
面包糠	适量
炸制用油	适量
炸猪排酱	适量
卷心菜	适量

制作方法

1. 将卷心菜切丝，放入凉水中泡7~8分钟，然后捞出沥干水分。

2. 将猪肉去筋（P97）。轻轻敲打之后，整理一下形状，撒上盐和胡椒。

3. 将面包糠打散。猪肉裹上小麦粉、蛋液和面包糠。

4. 将油加热到170~180℃，放入猪肉。炸制期间要翻面，保证两面颜色均匀。要保证猪肉中间熟透。

5. 沥干油分，切成适当大小。盛入餐具，旁边放上卷心菜，配上喜欢的酱料食用。

🔖 烹饪笔记

让普通的"炸猪排"味道更上一层楼

首先去掉肉筋，这样可以让猪肉在炸制的时候不会缩起来。为了让猪肉吃起来更加柔软，要将肉延展，之后再用手将肉调整回原来的大小。面包糠要打散之后使用。这样稍稍下一些功夫，就可以让猪排的外面更加酥脆，肉也更柔软。

PART 5
肉料理

91

烤猪肉饼配蔬菜

使用七味粉的猪肉饼味道非常好，肉饼的咸味使味道更清爽。

207 kcal
1人份

材料（2人份）

猪绞肉（瘦肉） ························· 200g

芦笋 ······························· 4根

鲜香菇 ···························· 4个

A｜ 葱 ··························· 1/2根

生姜 ························· 1块

鸡蛋 ························· 1个

盐 ······················1/4小匙（1.25mL）

七味粉 ······················· 少许

制作方法

1. 芦笋的根部比较硬，所以要切掉2cm左右的长度。香菇的根部也要切掉。

2. 将 A 中的葱和生姜切细末，连同绞肉和 A 中其余的材料混合在一起，搅拌到绞肉变黏。

3. 将拌好的绞肉分成4等份，做成圆饼的形状。

4. 预热烤网，将 **3** 摆放在上面烤制。上色后，翻至另一面，直到全部熟透。

5. 将芦笋和香菇也放在烤网上烤制。食材切成适当的大小，盛放在餐具中。

🍴 烹饪笔记

变换食材，多些创意

猪绞肉使用脂肪比较少的瘦肉，这样萎缩比较少，味道也会更好。使用鸡肉的话，口感会更清爽，又是另一种风味。不论用哪一种肉，都要注意在烤制的时候不要把肉饼弄散了。为了防止肉饼被烤散，可以在烤制前将烤网预热。

PART 5
肉料理

芝麻姜烧猪肉

用大火一次烤制成形,可以将肉汁紧紧地锁在里面。最后还要蘸上酱汁。

388 kcal
1人份

材料(2人份)

猪里脊肉(姜烧专用) …200g

生姜泥 ………………1块

熟白芝麻……2大匙(30mL)

A 酱油……1 1/2 大匙(22.5mL)

　 酒 …………1大匙(15mL)

　 味淋 ………1大匙(15mL)

色拉油……1/2大匙(7.5mL)

生菜………………… 适量

制作方法

1. 将 A 中的酱油、酒、味淋混合在一起制作酱汁,再加入芝麻和生姜泥。

2. 猪肉去筋(P97),淋入酱汁,让所有猪肉都蘸上酱汁,静置10分钟。

3. 在腌制猪肉期间,将生菜撕成适当的大小放入冰水中,使其更加脆嫩,然后捞出,沥干水分。

4. 加热色拉油。轻轻抖落猪肉上的酱汁,然后一片一片展开放入,用大火煎至上色,然后翻面。

5. 待两面完全上色后,加入剩下的酱汁,收汁。盛入餐具中,摆放好生菜。

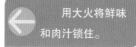
用大火将鲜味和肉汁锁住。

姜烧猪肉

材料(2人份)

猪里脊肉(姜烧专用)	……………………………	200g
生姜泥	………………………………………	1大块
A 酱油	………………………………	2大匙(30mL)
酒	………………………………	1大匙(15mL)
味淋	………………………………	1大匙(15mL)
色拉油	………………………………	1/2大匙(7.5mL)
西红柿	…………………………………………	适量

制作方法

将 A 中的酱油、酒、味淋混合在一起制作酱汁，再加入足够多的生姜泥。之后使用 P94 相同的方法，将猪肉煎好。盛入餐具中，将西红柿切块放在旁边。

味噌烤猪肉

为了保证烤得均匀，要将味噌涂得均匀一些。之后就交给烤箱了。

357 kcal
1人份

材料（2人份）

猪里脊肉（炸猪排专用） 2片

A ｜ 味噌 .... 3大匙（45mL）

　　酒 .... 1大匙（15mL）

　　味淋 .... 1大匙（15mL）

色拉油................................... 少许

芦笋..................................... 适量

制作方法

1. 将猪肉的筋切断，用肉锤（擀面杖也可以）轻轻敲打一下，然后用手将肉调整回原来的形状。

2. 将 A 中的味噌、酒、味淋混合在一起，搅拌均匀，均匀地涂在猪肉两面，放置5分钟。

3. 预热烤箱，然后在烤盘中轻轻地铺上锡纸，并薄薄地涂上色拉油。将猪肉放在上面，烤制12~13分钟至全熟。芦笋也要烤一下。

4. 分别切成适当大小，放入餐具中。

重点

为了防止肉在烤制时收缩，要用刀尖在瘦肉和肥肉之间纵向切几下，大约切开1cm的长度，将筋切断就可以了。

PART 5
肉料理

🍴 烹饪笔记

味噌和猪肉特别配

猪里脊肉（炸猪排专用）的肉质非常细腻柔软，四周的脂肪又能带来鲜味和特殊的风味，很好地利用了猪肉原本的味道并配上日式的酱料进行烤制，让美味更上一层楼。

日式红烧猪肉

只要做好事前准备，剩下的交给锅就可以了。

816 kcal
1人份

材料（2人份）

猪五花肉（肉块）……600g

生姜………………… 1块

葱（葱叶）…………10cm

A｜ 酒 ……… 1杯（200mL）

　 水 …… 1/2杯（100mL）

　 砂糖 ……1大匙（15mL）

　 酱油 ……3大匙（45mL）

　 味淋 ……4大匙（60mL）

油菜………………1/2大棵

辣椒酱…………… 适量

制作方法

1. 将猪肉切成 5~6cm 见方的块。生姜带皮切成2~3mm厚的片。

2. 加热煎锅，放入猪肉，开大火，翻转猪肉，让各面上色。

3. 在锅中放入猪肉、葱、生姜和足量的水，开大火，沸腾之后转中火炖1小时30分钟。

4. 当猪肉能被竹签刺穿，就可以关火了。

5. 盖上盖子放置一晚。冷却后，从猪肉中煮出来的油脂就浮上来凝固住了。

6. 从锅中将猪肉取出来，用温水洗掉猪肉周围的油脂。

7. 将 A 混合倒入煎锅，沸腾后加入猪肉。再次煮沸后改小火，盖上稍小一些的锅盖。

8. 时不时翻动食材，煮30~40分钟，直到汤底收干。

9. 将油菜用热水焯一下，然后过凉水，挤出水分，切成适当的大小。同猪肉一起盛入餐具，旁边配上辣椒酱。

竹签能一下插到底就可以了。

🔴 **烹饪笔记**

经典菜单，其实很简单

将猪肉表面煎一下可以将鲜味锁在里面，煮过之后再放一晚可以去掉多余的油脂。虽然做起来似乎不是很麻烦，但是将油脂去掉后再煮一遍，却是非常用心的做法。

萝卜炖五花肉

猪五花肉的鲜味渗入萝卜中，不用放出汁也很好吃。

559 kcal
1人份

材料(2人份)

萝卜 ……………………………… 500g

猪五花肉(肉块) ……………… 250g

A | 酒 ……………………… 1/4杯(50mL)

　| 水 …………………………2杯(400mL)

　| 砂糖 ……………… 1/2大匙(7.5mL)

　| 酱油 ……………… $1\frac{1}{2}$大匙(22.5mL)

芦笋………………………………… 4根

制作方法

1. 将萝卜切滚刀块。要保证大小一致，这样在炖
的时候可以保证火候一致。

2. 要保证每一片猪五花肉肥瘦相间，切成 1.5cm
厚的片。

3. 加热煎锅，将猪肉煎至上色。擦去多余的油脂，
加入 A 的汤底。

4. 煮沸后改中火，撇去浮沫。加入萝卜后煮
20~25 分钟。盛入餐具中，旁边放上煮好的芦
笋。

不用放油，用大火煎肉。 →

🔍 烹饪笔记

将叶子切下来，防止水分蒸发

萝卜中含有丰富的维生素 C，叶子中也含有不输其他
青菜的营养，购买时尽量购买带叶子的萝卜。但是如
果带叶子的话，茎和叶会蒸发掉一些水分，买来后应
该立即切掉叶子，分开保存。

萝卜炖五花肉·咖喱风味

先将肉腌制后煎烤，之后使用咖喱粉提升风味。

605 kcal
1人份

材料（2人份）

萝卜 ························· 500g

猪五花肉（肉块） ·············· 250g

A ┃ 酒 ···················· 1小匙（5mL）

　 ┃ 酱油 ················· 1小匙（5mL）

　 ┃ 咖喱粉 ··············· 2小匙（10mL）

色拉油 ····················· 1小匙（5mL）

咖喱粉 ····················· 1小匙（5mL）

B ┃ 酒 ···················· 1/4杯（50mL）

　 ┃ 水 ···················· 1杯（200mL）

　 ┃ 砂糖 ················· 1小匙（5mL）

　 ┃ 酱油 ················· 1大匙（15mL）

萝卜梗 ····················· 适量

盐 ························· 适量

制作方法

1. 将猪肉切成1.5cm厚的片，用A腌制10分钟。萝卜切成1.5cm的厚片再对半切开。

2. 在煎锅中加入色拉油，加热。用大火将猪肉煎至上色。

3. 加入萝卜翻炒，翻炒的同时加入咖喱粉。

4. 加入B中的酒和水，沸腾之后改中火，撇除浮沫。加入B中的砂糖和酱油，盖上小一些的盖子之后外面再盖上煎锅的盖子。

5. 时不时翻动一下，煮25~30分钟，待到萝卜变软，汤底差不多收干就可以关火了。

6. 水中加盐，将切成5cm长的萝卜梗焯一下，和炖肉一起放在餐具中。

重点

事先要用酒、酱油、咖喱粉将猪肉腌制入味。这样做，腌料和咖喱的味道能提升猪肉的鲜味。

PART 5
肉料理

日式炖猪肉饼

生洋葱直接放入其中可以更松软多汁。

436 kcal
1人份

材料（2人份）

猪牛混合绞肉	……………………	200g
葱	……………………………	1根
蟹味菇	…………………………	1包
A	洋葱 ……………………	1/2个
	面包糠 ………………	3大匙（45mL）
	酒 ………………………	2小匙（10mL）
	鸡蛋 …………………	1小个
	盐 ………………………	少许
色拉油	…………………	1/2大匙（7.5mL）
B	出汁 ……………………	1¼杯（250mL）
	酒 ………………………	2大匙（30mL）
	酱油 …………………	1大匙（15mL）
	味淋 …………………	1/2大匙（7.5mL）
C	太白粉 ………………	1/2大匙（7.5mL）
	水 ………………………	1大匙（15mL）
粗磨胡椒	………………………	少许

将中间的空气挤出会更好吃。

制作方法

1. 将葱斜切成片。蟹味菇切掉根部，撕开。将 A 中的洋葱切细末。

2. 在 A 的面包糠内洒上一些酒，混合后弄散。将面包糠和猪牛混合绞肉以及 A 中的其他材料混合在一起，搅拌至绞肉变黏。

3. 分成2等份，轻轻地在左右手手心中来回颠。重复3~4次，呈圆形。

4. 在煎锅中加入色拉油，加热后将 3 放入。煎至上色后翻面继续煎制。

5. 加入 B 的出汁、酒、酱油、味淋，煮沸后仔细撇去浮沫。

6. 加入葱和蟹味菇后继续煮 4~5 分钟。将 C 中的太白粉溶解在水中，勾芡。最后撒上粗磨胡椒。

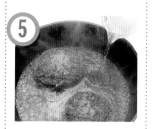

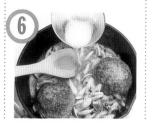

PART 5
肉料理

牛肉芦笋卷

又快速又简单，大人小孩都喜欢。

249 kcal
1人份

材料（2人份）

牛胸肉薄片·································· 200g

芦笋······································· 6根

A 酒 ································ 1/2大匙（7.5mL）

酱油 ································· 1大匙（15mL）

味淋 ································ 1/2大匙（7.5mL）

色拉油··························· 1/2大匙（7.5mL）

所有的地方都要蘸上酱汁。

制作方法

1. 将 A 的酒、酱油、味淋混合在一起，将牛肉腌制一下。

2. 将芦笋根部比较硬的地方切掉2~3cm，然后对半切开。在外面卷上牛肉。

3. 在煎锅中加入色拉油，加热，将牛肉片最后的部位向下放入锅中，滚动煎制，直到煎至金黄。

刺身

要注意摆盘的美感，数量一定要是奇数。

126 kcal
1人份

材料（2人份）

刺身用鲷鱼·························· 50g

刺身用金枪鱼························ 50g

刺身用三文鱼························ 50g

◎配菜

萝卜···························· 适量

绿叶紫苏························ 4片

紫苏花尖························ 4根

山葵泥·························· 适量

酱油···························· 适量

制作方法

1. 将配菜中的萝卜切成细丝，放在凉水中泡一下，让萝卜更脆，然后沥干水分。准备绿叶紫苏、紫苏花尖和山葵泥。

2. 鲷鱼从左侧开始片取，将刀平放，斜向入刃，片成5mm厚的薄片。

3. 金枪鱼切成1cm厚的片。在切的时候，要将菜刀刀刃靠近刀柄的位置接触鱼块靠近自己的一侧，然后再放下刀刃，之后顺势拉向自己的方向，稍稍向右将鱼肉分离。

4. 三文鱼也采用与3相同的方法切成7~8mm厚的片。

5. 在1人份的餐具的外侧放入1的萝卜的一半量，用筷子夹起，让萝卜丝蓬松一些，将最上面轻轻地扭转一下，调整一下形状。在萝卜丝的左侧放入两片绿叶紫苏。

6. 在萝卜的前面放入3片三文鱼。在绿叶紫苏的前面放入3片金枪鱼，在3片金枪鱼上再稍微错开一些放入2片金枪鱼。在餐具的最前端错落地叠放好鲷鱼。之后再摆好2根紫苏花尖，旁边放好山葵泥。用同样的方法摆放另一份。

天妇罗

513 kcal
1人份

110

材料(2人份)

虾……………………………………4只

茄子…………………………………1个

鲜香菇………………………………2个

绿叶紫苏……………………………4片

面衣

蛋液1个同凉水混合……………1杯(200mL)

小麦粉………………………………1杯(200mL)

炸制用油……………………………适量

萝卜泥………………………………适量

生姜泥………………………………适量

天妇罗蘸汁(容易制作的量)

出汁…………………………………1杯(200mL)

酱油……………………………1/4杯(50mL)

味淋……………………………1/4杯(50mL)

制作方法

1. 将虾开背，留下最后一节和尾巴，其余的壳剥掉。将虾尾尖端切掉，在腹部两侧切开3~4处，将身体稍稍拉长。茄子切成8mm厚的斜片，香菇切掉柄，并在上面切出伞形。绿叶紫苏沥干水分。

2. 制作面衣的原则是" 蛋液和小麦粉等量 "。在盆中放入加水的蛋液，混合均匀，加入小麦粉，用筷子大范围地搅拌5~6次。面粉残留在表面的状态最好。

3. 将炸制用油加热到170~180℃，拿着虾尾，蘸上面衣，除去多余的面衣，将虾放入油中。将绿叶紫苏的表面也裹上面衣炸制。茄子和鲜香菇也同样裹上面衣炸制。

4. 待到油炸的声音变小，面衣的周围变得酥脆之后捞出。

5. 将所有食材放到沥油盘上，注意要间隔开，不要重叠在一起。沥干油，立刻放入餐具中，旁边摆上萝卜泥和生姜泥以及天妇罗蘸汁(将材料混合之后煮沸)。

PART 6
鱼料理

鸭儿芹炸虾

简单的食材组合在一起，只有在日本料理中才能体验到的唇齿留香。

345 kcal
1人份

材料(2人份)

虾	5只
鸭儿芹	1把
蟹味菇	1包
小麦粉	1大匙(15mL)
A 1/2个鸡蛋的蛋液与凉水混合	1/2杯(100mL)
小麦粉	1/2杯(100mL)
炸制用油	适量
柠檬	1/2个

预先拌一些面粉，会更容易裹上面衣。 →

制作方法

1. 将鸭儿芹切成3cm 的长度。将蟹味菇的根部切掉，掰开。

2. 用竹签将虾线摘掉，去壳和尾巴。为了方便食用切成2~3段。

3. 将虾、鸭儿芹和蟹味菇混合在一起，撒入小麦粉，搅拌均匀。

4. 将 A 中的蛋液和凉水放入盆中搅拌均匀，加入小麦粉，大范围地搅拌 3~4 次，加入食材，快速地搅拌。

5. 将油加热到 170~180℃，用木铲挑起混合好的食材，贴着锅边放入油中。

6. 待周围变脆后翻面，炸至酥脆。将油沥净，装入餐具中，将切好的柠檬摆在旁边。

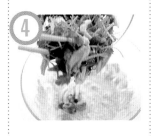

一次可以炸2~3个。 ↗

PART 6
鱼料理

味噌青花鱼

味噌要在最后放入，味道才更好。煮好后稍稍放一会儿更加入味。

230 kcal
1人份

材料(2人份)

青花鱼(处理好切成2段)·················· 半条

生姜····························· 20g

昆布························5cm 长1片

A 酒 ·····················2大匙(30mL)

水 ·····················3/4杯(150mL)

砂糖 ···················2大匙(30mL)

味噌 ···················2大匙(30mL)

芽菜····························· 适量

制作方法

1. 将青花鱼切成两半，在一侧的外皮上切出十字
花纹。生姜切丝，芽菜将根切掉。

2. 在煎锅中放入昆布、A 中的酒和水，沸腾后将
有青花鱼纹路的一面朝上放入，煮一下。

3. 青花鱼的周围变白后，加入生姜。

4. 再次煮沸，改为中火，撇去浮沫。加入 A 中的
砂糖，盖上小一些的锅盖煮8分钟。

5. 用少许汤底将味噌化开放入锅中。时不时用汤
匙将汤底浇到青花鱼上，大约煮7分钟。

6. 待到汤底变少，取下锅盖，轻轻摇动煎锅，让
汤底包裹在鱼上面。装盘时旁边摆上芽菜。

♪ 烹饪笔记

美味的秘诀在这里

用味噌炖煮，是最适合青花鱼的料理方式。既可以
消除鱼的腥味，还能让鱼更加美味。另外，在开始
煮鱼时，周围会变成白色，这时候加入生姜的话，
由于加热后的蛋白质（ 腥味来源 ）与生姜的成分进行
反应，腥味就会消失了。味噌青花鱼能这么美味，
就是因为这种做法得到了双重效果。红味噌、浅色
味噌、乡村味噌等，你喜欢哪种就用哪种做一下试
试吧！

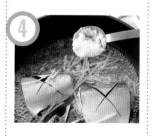

盐烤竹荚鱼

在要烤的时候撒上盐，腌制入味之后用大火远火烤制。

111kcal
1人份

材料(2人份)

竹荚鱼··················	2条
盐··········	1大匙(15mL)
萝卜泥··············	适量
酸橘··················	1个

摆盘时要让切开的一面朝上。
↓

①
②
③
④
⑤
⑥

制作方法

1. 刀平贴着竹荚鱼，刀刃冲着鱼头的方向，前后活动，剃掉侧线位置的棱鳞。

2. 打开鱼鳃，先将腹部一侧的连接处切开，然后再将背部一侧的连接点切开，就可以将鳃摘掉了。

3. 在胸鳍下方1cm左右的位置向着尾巴的方向切开5~6cm，摘掉内脏。

4. 手指从切口处插入，将残留的内脏和血液快速地用流水冲洗干净然后擦干水分。让切口向下，将腹中的水分也沥净。

5. 在一侧鱼皮上切开3处切面。在20cm的高度上撒盐，在尾巴和鱼鳍处抹上盐，反面也同样处理。

6. 烤网预热，然后将竹荚鱼放到烤网上烤制，用大火将两面烤至上色。摆盘时将萝卜泥和酸橘装饰在旁边。

324 kcal
1人份

盐烤秋刀鱼

材料（2人份）

秋刀鱼 ·· 2条

盐 ······································· 1大匙（15mL）

萝卜泥 ··· 适量

酱油 ·· 少许

制作方法

1. 将秋刀鱼对半切开，取出内脏。如果血液沾到鱼身上的话，会留下腥味，所以要尽快用流水洗净，将鱼（连同腹内）的水分擦干。

2. 向秋刀鱼身上撒盐，然后放在预热完毕的烤网上烤制。用大火将两面烤至上色。

3. 盛入餐具中（装盘时先烤制的一面朝下），旁边摆上萝卜泥并点上一点儿酱油。

梅干炖沙丁鱼

梅干的酸味带来清爽的口感，让沙丁鱼更加美味。由于梅干中也带有盐分，所以要控制酱油的用量。

323 kcal
1人份

材料（2人份）

沙丁鱼·· 4条

梅干·· 2个

A | 酒 ·· 1/4杯（50mL）
  | 热水 ······································· 1杯（200mL）
  | 味淋 ······································· 1大匙（15mL）
  | 酱油 ······································· 2小匙（10mL）

茼蒿··· 适量

制作方法

1. 沙丁鱼去鳞，在胸鳍下切开，将头切掉。

2. 用筷子从切口插入鱼腹的深处，旋转筷子，将内脏绞出来。

3. 将腹中清洗干净，用厨房用纸擦干。然后将切口朝下，轻轻将水甩出。

4. 在煎锅中放入 A 混合。将梅干掰成2~3瓣放入，开大火。

5. 汤底煮沸后加入沙丁鱼。再次沸腾后改中火，盖上稍小的盖子继续煮12~13分钟。

6. 待煮熟后，味道也沁进去了，将掐好尖的茼蒿放进去一起煮。

🍴 烹饪笔记

沙丁鱼超级棒

沙丁鱼不仅便宜，营养价值还高，而且低脂肪、低热量。由于很小，骨头也可以吃掉，所以可以帮助补充钙质。但是很难保持新鲜，因此在购买的时候要选择背部有青色光泽、鱼鳞很完整地贴在鱼身上的。为了保持新鲜度，买回家要尽早将内脏清理干净。

照烧三文鱼

超简单的照烧料理。使用三文鱼块的话，连麻烦的事前准备都不需要了。

192 kcal
1人份

其间要上下翻转一下，保证
入味。 →

材料（2人份）

三文鱼（鱼块）·························· 2块

A 酱油 ·················· 1¹/₂大匙（22.5mL）

酒 ····················· 2小匙（10mL）

味淋 ··················· 2小匙（10mL）

色拉油····································· 适量

葱····································· 1根

制作方法

1. 将 A 混合在一起，三文鱼腌制10~15分钟。

2. 将三文鱼取出，用厨房用纸将汤底擦净。

3. 将葱切成3~4cm长。在煎锅中加入少许色拉油，
稍稍加热一下，将葱煎至上色，取出。

4. 将煎锅擦干净，放入1/2大匙色拉油（7.5mL），
加热后将三文鱼煎一下。

5. 等煎至上色后翻面，另一面也上色后改中火煎
2~3分钟。

6. 将剩下的汤底倒入，轻
轻摇动煎锅，让三文鱼
全部沾上汤底。盛入餐
具，旁边摆上葱。

摆盘时将最先煎制的一
面朝上。 ↗

差不多熟透的时候加入汤底。 →

南蛮腌三文鱼

蔬菜的甜味能中和酸味。

191 kcal
1人份

材料(2人份)

稍腌的三文鱼(鱼肉块)
·························2块
葱·····················1/2根
生姜···················1块
黄椒···················1/2个
A │ 红辣椒 ···············1个
  │ 醋 ········1/2杯(100mL)
  │ 盐 ········1小匙(5mL)
  │ 砂糖 ·····1大匙(15mL)
  │ 酱油 ·····1小匙(5mL)
炸制用油················ 适量

制作方法

1. 将葱斜切成薄片，生姜切细丝，黄椒切细丝。三文鱼切成适当的大小。

2. 红辣椒用温水泡发，将辣椒籽取出，切成小块，与 A 的其他材料混合在一起，加入蔬菜混合。

3. 炸制用油加热到 170~180℃，将三文鱼炸至酥脆。油沥干之后，趁热将 2 (南蛮醋)拌入，入味。

需要在炸制三文鱼之前就准备好。

干炸旗鱼

使用处理好的鱼肉块，连事前准备都不需要做，
非常简单。

174 kcal
1人份

材料（2人份）

旗鱼（鱼肉块）	…………	2块
A 酱油	……	1大匙（15mL）
味淋	…	1/2大匙（7.5mL）
生姜汁	……	1小匙（5mL）
太白粉	…………………	适量
炸制用油	………………	适量
欧芹	…………………	少许

制作方法

1. 将旗鱼切成适当大小，用 A 中的酱油、味淋、生姜汁
   腌制10~15分钟。

2. 将旗鱼外面的汤底用厨房用纸擦干，蘸上太白粉，将
   多余的太白粉抖落。

3. 炸制用油加热到170~180℃，将旗鱼炸酥。沥干油分，
   盛入餐具，旁边摆上欧芹。

① ②

③

在要炸之前蘸
上太白粉。

烤味噌鲅鱼

使用保鲜膜可以让味噌腌鱼更容易。

206 kcal
1人份

材料(2人份)

鲅鱼(鱼肉块)	…………	2块
A	味噌 …… 2大匙(30mL)	
	味淋 …… 1大匙(15mL)	
	酒 …… 1/2大匙(7.5mL)	
	生姜汁 ……1小匙(5mL)	
姜芽…………………………		2根

制作方法

1. 将 A 的味噌、味淋、酒、生姜汁混合在一起,将味噌化开。

2. 保鲜膜展开,将 **1**(拌好的味噌)的一半量摊开,然后将鲅鱼摆在上面。

3. 将剩下拌好的味噌涂在鲅鱼上,用保鲜膜包裹好,轻轻地按压入味。放入冰箱冷藏20~30分钟。

4. 将味噌去掉,摆在烤盘的网上,放入预热好的烤箱中烤制12~13分钟。盛入餐具,旁边摆上姜芽。

照烧鲕鱼

用烤箱就可以。

229 kcal
1人份

材料（2人份）

鲕鱼（鱼肉块）·········2块

A 酒 ····· 1/2大匙（7.5mL）

　　酱油 ····· 1大匙（15mL）

　　味淋 ··· 1/2大匙（7.5mL）

樱桃萝卜·············2个

制作方法

1. 将A中的酒、酱油、味淋混合在一起作为腌汁。将鲕鱼放进去腌制15~20分钟。为了能入味均匀，中间要上下翻动一下。

2. 在烤盘中铺好揉皱的锡纸，将鲕鱼的腌汁擦干后摆在上面，用预热好的烤箱烤制7~8分钟。

3. 差不多熟透的时候，将剩下的腌汁涂在鱼肉上，烤至表面变干。重复2~3次。

4. 盛入餐具，对半切开，旁边摆上樱桃萝卜。

重点

用汤匙将腌汁舀出涂在鱼肉表面，烤至表面变干。重复2~3次。

炖红金眼鲷

红金眼鲷含有丰富的脂肪，却有着清爽的口感，简单料理一下就非常美味。

191 kcal
1人份

材料（2人份）

鲷鱼肉（鱼肉块）………………………… 2块

生姜………………………………………… 1块

A ┌ 酒 ……………………… 1/4杯（50mL）

　│ 水 …………………………… 1杯（200mL）

　│ 味淋 ………………………… 1大匙（25mL）

　└ 酱油 ………………………… 2大匙（30mL）

水芹 ………………………………………… 适量

鱼肉要在汤底沸腾后加入。

制作方法

1. 在鲷鱼肉的一侧外皮上切出十字花。生姜切细
   丝。

2. 在煎锅中加入 A，煮沸后，将鲷鱼肉切开的一
   侧朝上放入锅中。

3. 待鲷鱼肉周围变成白色后，放入生姜。

4. 盖上稍小的锅盖，用中火煮14~15分钟。时不时
   用汤匙舀起汤底浇到鱼肉上，让鱼肉均匀入味。

5. 等到入味后，加入水芹一同炖煮。

放入生姜可以除去腥味。

🔍 烹饪笔记

知道了这个就更简单了

如果汤底的温度过低，就会有腥味。如果待汤
底沸腾后再放入鱼肉的话，那么就会美味得多。
如果在炖煮期间翻动鱼肉，可能会导致鱼肉散
开，所以要用汤匙将汤底浇在鱼肉上。鲷鱼肉
除了炖之外还可以蒸、炸、用味噌腌。

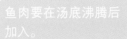

萝卜炖乌贼

乌贼的鲜味被萝卜吸收，再加入酱油更加美味。

179 kcal
1人份

材料(2人份)

乌贼·························· 1只
萝卜·························600g
昆布·················· 5cm 长1片
A ┌ 水 ············· 2杯(400mL)
  │ 酒 ············· 1/4杯(50mL)
  └ 酱油····· $1^1/_2$大匙(22.5mL)

制作方法

1. 将手指插入乌贼的身体中，将身体和须的连接部分断开。按住身体，将乌贼须连同内脏一起拉出。

2. 注意不要将连在内脏薄膜上的黑色绳子样的墨囊弄破了。从眼睛下方的位置将内脏和须切开。

使用刀背刮吸盘更好用。

3. 将身体里面冲洗干净。将手指插入取出软骨，须也要洗干净。

4. 将身体部分用厨房用纸擦干水分，切成 1.5cm 的环形。

5. 将眼睛和须中间位置的口用手指挤出。

6. 将须的尖部切下来，刮掉上面的吸盘，切成适当的大小。

7. 将萝卜对半切开，切成 2cm 厚的半月形。

8. 在煎锅中放入昆布和 A，然后开火，沸腾后加入乌贼。

9. 再次煮沸，加入萝卜后盖上小一些的锅盖。时不时翻动一下，煮 40~50 分钟。

土豆炖牛肉

完成之后再稍稍放一下，入味后味道更好。

365 kcal
1人份

材料（2人份）

土豆	……………………………	3个（450g）
牛肉薄片	…………………………	100g
洋葱	……………………………	1/2个
色拉油	…………………………	1大匙（15mL）
A	酒 ……………………………	1大匙（15mL）
	水 ……………………………	3/4杯（150mL）
	砂糖 …………………………	1/2大匙（7.5mL）
	酱油 …………………………	1大匙（15mL）

制作方法

1. 将土豆切成适当的大小，用水泡一下，然后沥干水分。

2. 将洋葱对半切开，然后2层放在一起切成7~8mm宽的条。

3. 加热色拉油，将土豆炒至表面变得透明，放入洋葱，油沁入后放入牛肉。

4. 待牛肉开始变色时，淋入A中的酒，改大火。

5. 沸腾后改中火，仔细撇去浮沫，将调料A加入锅中，搅拌均匀。

6. 盖上小一些的盖子再盖上煎锅的锅盖。时不时翻动一下，煮14~15分钟收干汤底。

煮到土豆变软。

肉末红薯

使用酒和酱油，拥有简单味道的家常菜。

571 kcal
1人份

材料(2人份)

红薯……………	2个(400g)
牛绞肉…………………	200g
色拉油………	1大匙(15mL)
酒…………	2大匙(30mL)
酱油………	1大匙(15mL)
水…………	1杯(200mL)

制作方法

1. 红薯不用去皮，切成2cm厚的圆片，在水中泡10分钟左右，然后沥干水分。

2. 在煎锅中放入色拉油加热，放入红薯翻炒至上色。待油沁入且表面上色后，加入绞肉翻炒。

3. 当肉开始变色时，淋入酒并加入1杯(200mL)的热水。

4. 沸腾后改用稍小的中火，撇去浮沫，加入酱油并盖上盖子。时不时翻动一下，待红薯变软，汤底收干后即可关火，完成。

重点

当红薯的两面都已经上色并且有香味飘出时就可以放入绞肉了。在绞肉变色后要放入酒和热水，这样才能将肉的鲜味全部引出。

糖水煮红薯

作为餐中小点最适合不过。

160 kJ
1人份

材料(2人份)

红薯··············· 1个(200g)

A | 水 ········· 2杯(400mL)
　| 砂糖 ····· 1大匙(15mL)

B | 盐 ············· 少许
　| 味淋 ··· 1/2大匙(7.5mL)

制作方法

1. 红薯不用去皮，切成2cm厚的圆片，在水中泡10分钟左右，然后沥干水分。

2. 在煎锅中加入 A 中的水和砂糖混合，加入红薯，盖上稍小的锅盖，开火。

3. 在煮沸之后继续煮10分钟左右。在半熟的时候加入 B，再煮7~8分钟，直到红薯变软。

切开之后要立即浸泡。

炖芋头

炖至口感绵软。

111 kcal
1人份

材料(2人份)

芋头·················· 10个

A | 出汁 ······ 2杯(400mL)
| 砂糖 ······1大匙(15mL)
| 盐······1/4小匙(1.25mL)
| 酱油······1大匙(15mL)

制作方法

1. 将芋头用水洗干净,用刷子将芋头上的泥刷掉。

2. 晾干后,将皮剥掉,用足够多的盐揉出芋头的黏液,
   洗掉。

3. 在锅中放入混合好的 A,开火。煮沸后放入芋头,
   盖上稍小的锅盖,然后再盖上锅本身的盖子。

4. 再次煮沸,改开中火。时不时翻动一下,煮15~20
   分钟至芋头变软。

重点

在芋头上撒上足够多的盐,
用两只手揉搓,将黏液引出。
这样做可以使味道的层次更
多。

味噌炖芋头

将芋头煮至软烂，只用有一点儿甜咸味的味噌就可以。

240 kcal
1人份

材料（2人份）

芋头	……………	10个
出汁	……… 1杯（	200mL）
A	味噌 …3大匙（	45mL）
	砂糖 …3大匙（	45mL）
	味淋 …1大匙（	15mL）
黑芝麻碎	……………	少许

制作方法

1. 将芋头的上下两面稍稍切一下，侧面切成6面，皮削得多一点儿。用足够多的盐揉出芋头的黏液，洗掉。

2. 在锅中放入出汁和芋头，然后盖上稍小的盖子，外面再盖上锅本身的盖子，煮17~18分钟，煮至柔软。

3. 芋头煮好后，改大火收汁，加入混合好的A，让芋头沾上汤底。盛入餐具，撒上芝麻。

切成六棱柱的形状，就不容易碎掉。

白菜卷

白菜的清甜和肉的鲜味很好地搭配在一起。

366 kcal
1人份

材料（2人份）

白菜…………………………4片

猪绞肉………………………200g

葱……………………………10cm

生姜…………………………1块

A
- 面包糠……………1/3杯（约67mL）
- 酒…………………1大匙（15mL）
- 鸡蛋………………1个
- 盐…………………少许

B
- 出汁………………2杯（400mL）
- 酒…………………2大匙（30mL）
- 盐…………………1/2小匙（2.5mL）
- 味淋………………1大匙（15mL）
- 酱油………………1大匙（15mL）

制作方法

1. 用煎锅将热水煮沸，将白菜从帮儿的位置开始放入锅中，迅速焯一下，然后放在笊篱上冷却。
2. 在A中的面包糠上撒上酒。将葱和生姜切细末，同猪绞肉以及A中的其他材料搅拌均匀。
3. 将拌好的猪绞肉分成4等份，轻轻团成一团。白菜展开，将猪绞肉放在白菜帮上，然后卷起来。
4. 将白菜的两边折向中央，之后滚着卷起来。制作4个。
5. 将白菜卷放入锅中，整齐地摆放好。加入B后盖上小一点儿的锅盖，煮沸后用中火继续煮15~20分钟。

烹饪笔记

别错过白菜最美味的时候

白菜一年四季都有，但是说起来还是晚秋的时候白菜的味道最甜、最美味。白菜不论是煮着吃、炒着吃、做锅品、腌渍都非常好吃。

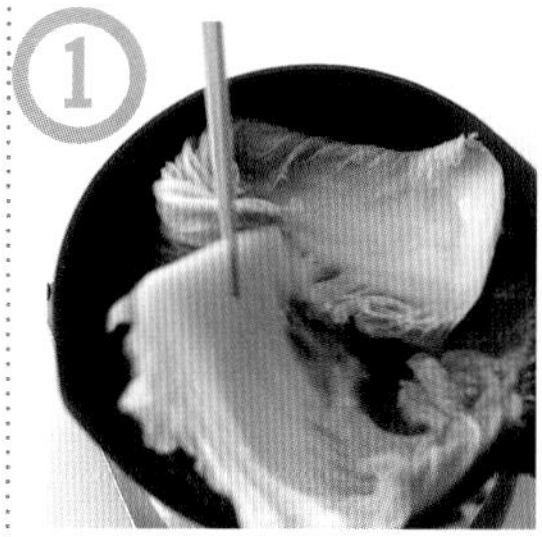

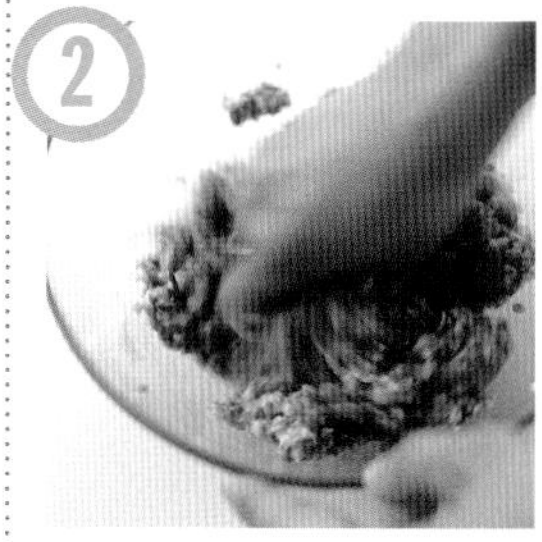

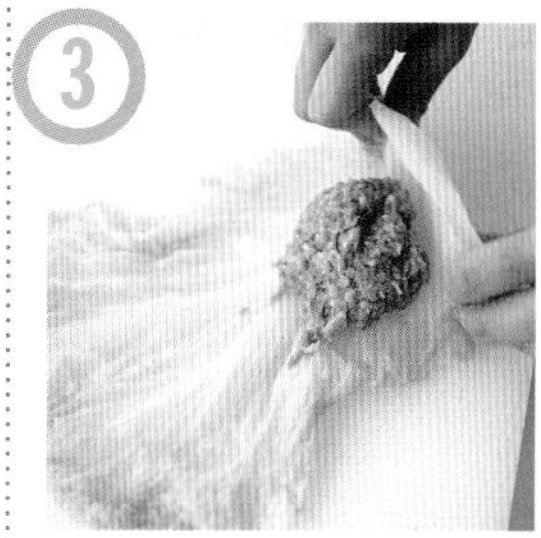

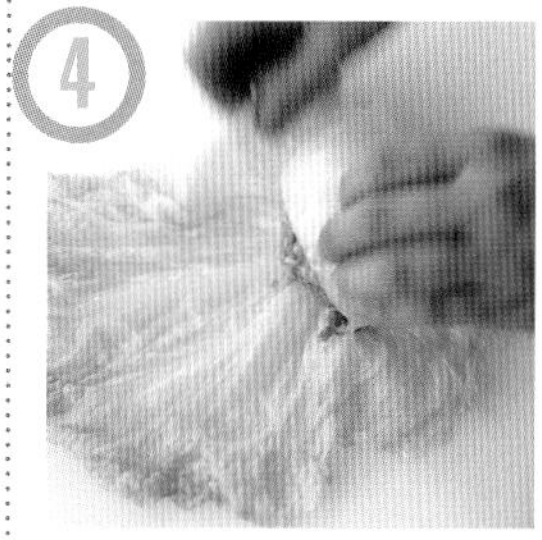

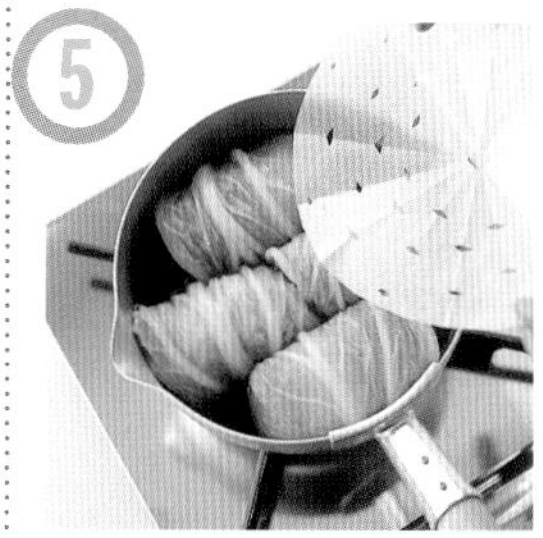

浅腌白菜片

清爽的即腌即食的小菜，地道的日式蔬菜沙拉。盐的用量刚刚好才能凸显蔬菜的味道。

25 kcal
1人份

材料(2 人份)

白菜···250g

胡萝卜···5cm

柠檬···1/3个

绿叶紫苏··5 片

盐·······················1小匙(5mL)

制作方法

1. 将白菜叶撕成适当的大小，白菜帮片薄。胡萝卜切细丝，柠檬切薄片，绿叶紫苏切成2cm见方的小块。

2. 将蔬菜放入盆中，撒上盐，搅拌均匀。拌匀后用手揉搓入味。

也可以使用塑料袋！ →

♦烹饪笔记

浅腌的烹饪方法只有2% 的盐分

所谓浅腌就是短时间的腌渍后就可以上桌食用。适合既新鲜又多汁的白菜、甘蓝、黄瓜、茄子、萝卜和芜菁等。撒上盐揉一揉，上面放上小块的石头放置几个小时或者1天就可以食用了。和那些需要腌渍很长时间的咸菜不一样，盐分应控制在2%，新鲜蔬菜的口感也很特别。可以加入颜色很漂亮的胡萝卜，也可以加入风味特别的生姜丝、襄荷、绿叶紫苏以及香味和酸味都很棒的香橙和柠檬，让味道的层次又增加一些。

凉拌菠菜

焯过的菠菜颜色非常漂亮，木鱼花的鲜味带来不同的风味。

41 kcal
1人份

材料（2人份）

菠菜 …………………………………………… 200g

A | 酱油 ……………………………… 1大匙（15mL）
  | 出汁 ……………………………… 1大匙（15mL）

B | 酱油 ………………………… 1/2大匙（7.5mL）
  | 味淋 ………………………… 1/2大匙（7.5mL）
  | 出汁 ……………………………… 1大匙（15mL）

木鱼花 …………………………………………… 适量

不要煮过头才是关键的关键。 →

制作方法

1. 将菠菜根部切掉，如果比较大棵的话，可以在茎部切个十字花，这样更容易煮熟。

2. 将足量的热水煮沸，然后将菠菜从根部开始放入，粗略地焯一下。

3. 用余温焯菜的时候，不要过头。然后用冰水迅速地冷却。

4. 在水中将菠菜的根部对齐，从根部向叶子的方向挤水。

5. 将 A 混合均匀，让菠菜全部沾上料汁，然后切成 5cm 长。再用 B 拌好，盛入餐具中，最上面放上木鱼花。

急速冷却能让蔬菜保持颜色鲜艳。 ↗

🔍 烹饪笔记

根据不同的季节选取不同的食材

凉拌一般使用各种蔬菜来制作。如菠菜或者油菜、茼蒿、鸭儿芹、油菜花、豆角、芦笋等。

凉拌油菜油炸豆腐

先将菜梗煮一下，之后再放入菜叶，这样才能保证熟度一样。

84 kcal
1人份

材料（2人份）

油菜······························ 200g

油炸豆腐························· 1片

A 出汁 ···················1杯(200mL)

酒 ·····················1大匙(15mL)

味淋 ····················1小匙(5mL)

酱油 ····················1小匙(5mL)

盐 ·················1/4小匙(1.25mL)

制作方法

1. 将油菜的根部切掉，如果比较大棵的话，可以
   在茎部切个十字花，切成3~4cm 的长度。

2. 将油炸豆腐用热水煮一下，除去油分。然后将
   水滤掉，纵向切开，切成1cm 宽的条。

3. 将 A 混合，放入油炸豆腐。煮沸后放入油菜，
   煮2~3分钟，油菜变软后就完成了。

先加入菜梗，之后再放入菜叶。

青椒炒小杂鱼

小杂鱼的咸味，让整道菜更加清爽。

89 kcal
1人份

材料

青椒·····················5个

小杂鱼·················20g

色拉油····· 1/2大匙(7.5mL)

A 酒 ········· 2大匙(30mL)

砂糖 ··· 1/2小匙(2.5mL)

盐 ·················· 少许

制作方法

1. 将青椒的柄和籽去掉，纵向切成细丝。

2. 将小杂鱼放入笊篱中，过热水，然后将水分沥干。

3. 加热色拉油，放入小杂鱼炒一下，然后加入青椒。待油温回升时改大火，加入 A 后简单翻炒一下就完成了。

因为食材量很小，使用茶滤会更加方便。

秋葵拌金枪鱼

口感黏滑、营养丰富的蔬菜与刺身的搭配。

材料（2人份）

秋葵…………… 1袋（10根）

金枪鱼（刺身用）…… 60g

乌贼（刺身用）……… 80g

A | 酱油 ……2小匙（10mL）

　| 出汁 ……2小匙（10mL）

92 kcal
1人份

制作方法

1. 将秋葵冲洗干净，然后撒上足够的盐，用手搓开，然后放到热水中迅速地焯一下，再放入凉水中。

2. 将秋葵的水分沥干，切成小片。金枪鱼切成1cm见方的小块。

3. 将秋葵、金枪鱼、乌贼混合在一起，加入A的酱油、出汁搅拌均匀。

外面的绒毛掉落之后颜色更加鲜艳。

拌炸茄子

炸好之后拌入调料，味道非常好。

201 kcal
1人份

材料（2人份）

茄子…………………………………………………… 5个

葱………………………………………………………… 10cm

生姜…………………………………………………… 1块

A ｜ 醋 ………………………………… 3大匙(45mL)

｜ 酱油 …………………………… 3大匙(45mL)

｜ 酒 ………………………………… 3大匙(45mL)

｜ 砂糖 …………………………… 2小匙(10mL)

｜ 红辣椒 ………………………………… 1个

炸制用油………………………………………… 适量

制作方法

1. 将葱切成末，生姜切成细末。

2. 将 A 混合在一起做成拌汁，然后加入葱和生姜。

3. 茄子去皮，不要全部去掉，做成条纹的样子。

4. 将茄子对半切开。在茄子表面浅浅地划出纹路，
   然后斜着切开。

5. 油加热到 170~180℃，将茄子炸至稍稍上色。
   将油沥干，趁热倒入拌汁，拌匀。

口感更好，也容易入味。

🔍 烹饪笔记

茄子与油特别搭配

茄子特别适合和油搭配在一起，所以很适合炸
和炒。在炖的时候也要先炸然后再炖，不仅颜
色好看，还能增加鲜味。炸过之后再拌一下就
能去除油腻感，口感更佳。炸的时候一定要用
大火，如果用小火炸制的话会让鲜味流失。

烤茄子

开几个小洞，烤制，剥皮。三步就能完成。

49 kcal
1人份

材料(2人份)

茄子·····················4个

A ┌ 萝卜泥 ············ 适量
  │ 生姜泥 ············ 适量
  └ 木鱼花 ············ 适量

酱油····················· 适量

制作方法

1. 将茄子柄周围切掉，然后用竹签在茄子上扎几个洞。

2. 预热烤网，将茄子摆在上面用大火烤制。转动茄子，防止烤焦。

3. 茄子在凉水中过一下，剥掉皮。沥干水分之后盛入餐具中，A 的配料放在茄子上，最后淋上酱油。

一定要小心烤制，不然容易破裂。

味噌炒茄子

茄子用芝麻油炒至上色，然后用足量的味噌提升鲜味。

材料（2人份）

茄子	5个
红辣椒	1个
A 出汁	1/4杯（50mL）
酒	2大匙（30mL）
砂糖	2大匙（30mL）
味噌	2大匙（30mL）
芝麻油	1大匙（15mL）

178 kcal
1人份

制作方法

1. 茄子间隔地去掉皮，形成条纹状，然后切滚刀块。红辣椒去籽，切成2~3块。

2. 将 A 搅拌均匀。

3. 在煎锅中加入芝麻油加热，加入红辣椒和茄子翻炒。

4. 待茄子表面上色后，加入混合好的 A，炒至汤底收干即可。

🔍 烹饪笔记

辣椒不仅仅是辣而已

在日式料理中也经常使用的辣椒，会让人的血液流动更快，还能促进食欲帮助消化。辣椒外皮和籽都有辣味，但是一般要去籽食用，如果你喜欢，籽也可以食用。由于辛辣的成分可以溶解在油中，所以要先加入辣椒，然后再加入茄子炒制。

PART 7
蔬菜料理

腌黄瓜

黄瓜口感脆嫩，是非常简单的一道菜。

28 kcal
1人份

材料

黄瓜·················· 4根

盐·········· 1小匙(5mL)

制作方法

1. 黄瓜间隔去皮，做成条纹状，纵向对半切开，再分成3等份长。

2. 将黄瓜放入盆中，撒上盐，静置一下。

3. 待入味后，用手揉搓一下，让黄瓜变软，之后洗净，将水挤出。

重点

黄瓜间隔去皮，这样可以快速入味，口感也不会变。而且不同的绿色混在一起，看起来更缤纷。

烹饪笔记

很少的盐却左右了味道

盐不仅仅是调味料，更是事先备料的主力。有高纯度的精制盐，也有带着鲜味的天然盐，在本书中一般使用的是精制盐。天然盐由于盐分受限，所以在使用时要注意分量的变化。盐的用量虽少却左右着菜肴的味道，所以烹饪时一定要试味。

醋拌黄瓜裙带菜

熟悉的醋拌凉菜中加入了章鱼。

71 kcal
1人份

材料(2人份)

黄瓜……………………………	1根
裙带菜块(干燥) …………	2g
水煮章鱼……………………	100g
A 醋 …………………1大匙(15mL)	
出汁 …………1大匙(15mL)	
味淋 …… 1/2大匙(7.5mL)	
酱油 …… 1/4小匙(1.25mL)	
盐 …………………………… 少许	

制作方法

1. 黄瓜片间隔去皮，形成条纹形状，然后切成薄片。用盐水 [1杯(200mL)水配1小匙(5mL)盐的比例] 腌制 5 分钟左右，变软后将水挤出。

2. 裙带菜用水泡发，然后将水挤出。章鱼切片。

3. 将 A 混合后，同黄瓜、裙带菜、章鱼拌在一起。

🍳 烹饪笔记

醋拌的重点

醋拌看起来很简单，但其实很深奥。由于使用的食材大部分是生的，所以一定要注意新鲜度。要事先将蔬菜类的食材用盐水揉过之后将水挤出。鱼贝类要用盐揉搓一下，用醋拌一下，去掉腥臭味。这些都要注意。另外也要注意食材一定要冷却，在食用前用料汁拌一下就行。

PART 7
蔬菜料理

炖南瓜

仅用出汁和酱油来炖，就可以尝出南瓜本来的
自然甘甜。

211 kcal
1人份

材料（2人份）

南瓜·················· 450g

A 出汁 ······ 2杯（400mL）

酱油 ······ 1大匙（15mL）

制作方法

1. 用汤匙将南瓜籽刮出，间隔着切掉一些外皮，切成4~5cm的块。

2. 在煎锅中加入 A 的出汁和酱油，煮沸后加入南瓜，盖上稍小的锅盖，外面再盖上煎锅本身的锅盖，炖煮。

3. 再次沸腾后改小火，煮18~20分钟，待南瓜变软即可。

重点

南瓜皮含有胡萝卜素等营养成分，要尽量保留，但会影响入味，所以用菜刀随处削掉几处就可以了。

拌烤竹笋

竹笋焯一下再烤，就不会有那么多水了。

85 kcal
1人份

材料(2人份)

水煮竹笋·················· 250g

A | 出汁 ······ 1杯(200mL)
  | 酱油 ······ 2大匙(30mL)
  | 味淋 ······ 2大匙(30mL)
  | 红辣椒 ··············1个

西生菜·················· 适量

制作方法

1. 将竹笋纵向切成7~8mm厚，用水焯一下，沥干水分。将红辣椒去籽切成小块。

2. 将A混合作为料汁。烤网预热，将竹笋烤制一下。待上色后，蘸一下料汁。

🖊烹饪笔记

要这样料理竹笋

竹笋的膳食纤维非常多，可以激活胃肠动力。独特的味道和鲜味，适合炖、凉拌、醋拌，制作竹笋饭或者做汤等，在日式料理中也经常使用。笋尖适合凉拌和做汤，中间的部位可以炖，最下面的部分切成小块制作竹笋饭最好不过。

PART 7 蔬菜料理

芝麻拌芦笋

烤过的芦笋非常的香，用芝麻拌过之后更加香气浓郁。

60 kcal
1人份

材料(2人份)

芦笋························ 10根

A | 酱油 ··· 1/2大匙(7.5mL)
　 | 味淋 ··· 1/2大匙(7.5mL)
　 | 出汁·········1大匙(15mL)

白芝麻碎··················10g

制作方法

1. 将芦笋根部比较硬的地方切掉1~2cm。

2. 烤网预热，烤制芦笋，然后切成4~5cm 长。

3. 将 A 中的酱油、味淋、出汁混合均匀，加入白芝麻碎搅拌，和芦笋拌在一起。

重点

一边翻动一边烤，烤得均匀才能有漂亮的颜色。如果没有烤网，可以用烤鱼的架子放在烤箱里烤。

葱蛤蜊汤

装盘时放入足够的煮汁。

58 kcal
1人份

材料(2人份)

葱·······························2根

蛤蜊肉 ·····················80g

A | 出汁 ······ 1杯(200mL)

酒 ········ 2大匙(30mL)

盐 ··· 1/4小匙(1.25mL)

酱油 ··· 1/2小匙(2.5mL)

制作方法

1. 葱斜切成1cm 的段。

2. 蛤蜊在盐水(1杯水配 1小匙盐的比例)中涮洗干净，沥干水分。

3. 将 A 混合后放入煎锅，煮沸后放入葱段煮一下。待葱段变软后，加入蛤蜊煮熟。

在清洗时一直晃动可以将脏东西洗掉。

PART 7 蔬菜料理

冬葱拌蛤蜊

冬葱和蛤蜊的味道特别搭配，配上味道柔和的醋更是完美。

123 kcal
1人份

材料（2人份）

冬葱	1把
蛤蜊肉	80g
酒	1大匙（15mL）
A 味噌	3大匙（45mL）
砂糖	2大匙（30mL）
醋	1$\frac{1}{2}$大匙（22.5mL）

制作方法

1. 将冬葱对半切开，用热水焯一下，保持颜色鲜艳，放入凉水中过一下。将水分挤出，切成3cm长的段。

2. 蛤蜊在盐水（P155）中涮洗一下，沥干水分。在锅中淋入酒，开大火炒一下，之后放凉。

3. 将A中的味噌、砂糖、醋混合均匀，加入冬葱、蛤蜊搅拌均匀。

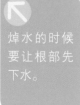

焯水的时候要让根部先下水。

炸蘑菇

盐的味道让油炸蘑菇吃起来比较清爽，蘑菇
的香味让人欲罢不能。

325 kcal
1人份

材料（2人份）

蟹味菇	1包
灰树花菌	1包
葱	1/2根
小麦粉	1大匙（15mL）
A	1/2个蛋液与凉水混合
	1/2杯（100mL）
	小麦粉 1/2杯（100mL）
炸制用油	适量
盐	适量

制作方法

1. 将蟹味菇和灰树花菌的根部切掉,掰开。葱切斜片。

2. 将 1 混合在一起,撒入小麦粉,搅拌均匀。

3. 将 A 的蛋液和凉水倒入盆中的时候加入小麦粉,
   大范围搅拌3~4次,加入 2,快速搅拌。

4. 炸制用油加热到170~180℃,将食材用汤匙舀一
   大匙划入油中。待周围变脆后翻面,炸至酥脆上色。

重点

在食材上撒上
小麦粉,用筷
子翻拌均匀。
这样做可以让
面衣包裹得更
均匀,更容易
炸制。

PART 7
蔬菜料理

萝卜沙拉

用萝卜和樱桃萝卜制作的日式沙拉。

91 kcal
1人份

材料（2人份）

萝卜		200g
樱桃萝卜		2个
A	酱油	2小匙（10mL）
	醋	2大匙（30mL）
	胡椒	少许
	芝麻油	1大匙（15mL）
木鱼花		适量

制作方法

1. 将萝卜切细丝，樱桃萝卜切成薄圆片。

2. 将萝卜和樱桃萝卜分别放在凉水中泡7~8分钟，然后沥干水分。

3. 将酱油、醋、胡椒和芝麻油混合在一起做成调料汁。

4. 在餐具中放入萝卜和樱桃萝卜，最上面放上木鱼花，在食用之前撒上调料汁。

重点

将萝卜放在笊篱上沥干水分，然后用抹布将萝卜包住轻轻晃一下。

酸甜萝卜

过水之后再将水挤出，这样酸甜的味道才不会被冲淡。

53 kcal
1人份

材料（2人份）

萝卜	…………………	250g
胡萝卜	…………………	1/3小根
盐	…………………	少许
A 醋	………	2大匙（30mL）
盐	…	1/4小匙（1.25mL）
砂糖	…	1/2大匙（7.5mL）
味淋	…	1/2大匙（7.5mL）
出汁	…	1/2大匙（7.5mL）

制作方法

1. 将萝卜和胡萝卜切细丝。

2. 分别撒上少许盐，搅拌均匀。等待萝卜丝变软后，简单用水洗一下，然后将水挤出。

3. 将 A 混合，同萝卜和胡萝卜拌在一起，放置5~6分钟。

重点

用盐轻轻揉搓，变软后用水洗净，沥干水分，除去多余的水分才能更加入味。这样就完成了。

PART 7
蔬菜料理

鸡肉馅炖芜菁

用煮芜菁后的汤底制作鸡肉馅。

209 kcal
1人份

材料（2人份）

芜菁·····················4个

鸡绞肉·················· 150g

A 出汁 ··· 1$\frac{1}{2}$杯（300mL）

酒 ········ 2大匙（30mL）

酱油 ····· 1大匙（15mL）

砂糖 ··· 1/2大匙（7.5mL）

酒··············· 1大匙（15mL）

B 太白粉 ··· 2大匙（10mL）

水 ········ 2小匙（10mL）

酱油腌芜菁

稍稍地做一下装饰，色香味俱全。

制作方法

1. 将芜菁横向切成1cm厚，根据自己的喜好选择是否去皮。

2. 将 A 混合在一起，煮沸之后放入芜菁，煮12~13分钟。待芜菁变软后，取出。

3. 在绞肉中加入酒，然后放入 **2** 的煮汁中。快速打散开火，仔细撇去浮沫。

4. 在 B 的水中加入太白粉，搅开，制作鸡肉馅。将芜菁放在餐具中，上面撒上鸡肉馅。

35 kcal
1人份

材料(2人份)

芜菁	6小个
红辣椒	2个
A 酱油	1大匙(15mL)
酒	1小匙(5mL)

制作方法

1. 芜菁的茎留下 1~2cm，其余的叶子切掉，然后在水中用竹签将茎里面的污垢剔出去。

2. 将芜菁对半切开，在切口一面切上几刀，刀距为 1~2mm，每1cm 的厚度切断。

3. 将 A 混合在一起制作腌汁。红辣椒去籽，切成 2~3 段，放入腌汁中。

4. 将芜菁放入腌汁，腌制30分钟左右。

拌牛蒡

将牛蒡敲一敲，让纤维破掉，这样香味更明显。

材料(2人份)

牛蒡	1大根
A 出汁	1/2杯(100mL)
砂糖	1小匙(5mL)
盐	少许
酱油	1小匙(5mL)
B 白芝麻碎	3大匙(45mL)
醋	1大匙(15mL)
砂糖	2小匙(10mL)
酱油	1小匙(5mL)
盐	少许

167 kcal
1人份

制作方法

1. 将牛蒡切成 12cm 长。在热水中稍加一些醋，牛蒡放入泡7~8分钟，然后将热水倒掉。轻轻敲打，敲出裂纹。

2. 将牛蒡切成3~4cm 长，用手撕成容易食用的粗细。将 A 混合在一起，将牛蒡放入，煮至汤底收干。

3. 将 B 混合在一起，冷却后加入牛蒡拌匀。

敲过之后更容易入味。

炒牛蒡

牛蒡要用大火炒制，这样味道才会更好。

材料(2人份)

牛蒡··················	1小根
红辣椒··················	1个
芝麻油······	1/2大匙(7.5mL)

A
酒 ········	2大匙(30mL)
出汁 ······	1杯(200mL)
砂糖 ······	2小匙(10mL)
盐 ···	1/4小匙(1.25mL)
酱油 ···	1/2大匙(7.5mL)

103 kcal
1人份

制作方法

1. 牛蒡去皮后，削成小片，在水中泡 15 分钟，然后沥干水分。

2. 将红辣椒去籽，切成小块。加热芝麻油，用大火炒制牛蒡和红辣椒。

3. 待表面炒干，油分沁入时，加入 A。改中火，时不时翻动一下，炒至汤底收干即可。

在盛水的盆上方削片。

PART 7
蔬菜料理

炸藕盒

味道、分量、颜值，无一不让你满足。

425 kcal
1人份

材料（2人份）

莲藕	……………………	150g
猪绞肉	……………………	150g
A 葱	……………	10cm
生姜	……………	1块
酒	……1大匙(	15mL)
盐	…1/4小匙(	1.25mL)
小麦粉	……………………	适量
太白粉	……………………	适量
炸制用油	…………………	适量
酸橙	……………………	1/2个
辣椒酱	……………………	少许

炒莲藕

制作方法

1. 将莲藕切成5mm厚的圆片，留下12片。在水中泡7~8分钟，然后擦干水分。

2. 将A中的葱、生姜切细末加入绞肉中。A中其余的材料一同加入，搅拌均匀，分成6等份。

3. 取一片莲藕一面沾上小麦粉，有小麦粉的一面放上馅料。另一片也要一面上小麦粉，有小麦粉的一面朝着肉馅，将肉馅夹住。

4. 在周围抹上太白粉，将多余的粉抖落，放入170~180℃的热油中炸至上色。

用大火炒制完成。

165 kcal
1人份

材料（2人份）

莲藕	······································	300g
芝麻油	······································	1/2大匙（7.5mL）
A 酒	······································	2大匙（30mL）
出汁	······································	3/4杯（150mL）
味淋	······································	1/2大匙（7.5mL）
酱油	······································	1大匙（15mL）
七味粉	······································	适量

制作方法

1. 将莲藕切成1~2mm厚的圆片，在水中泡10分钟，捞出沥干水分。

2. 在煎锅中放入芝麻油，加热，用大火炒莲藕。待水分散去，油分沁入后，加入A，改为中火。时不时翻动一下，炒至汤底收干即可。

3. 盛入餐具中，撒入七味粉。

日式蛋卷

出汁的香味在口中弥漫，口感柔软温润。

材料(2人份)

鸡蛋	·······················	4个
A	出汁 ···	1/2杯(100mL)
	酒 ········	1大匙(15mL)
	砂糖 ······	1大匙(15mL)
	盐 ···	1/3小匙(约1.7mL)
	酱油 ···	1/3小匙(约1.7mL)
色拉油	··················	少许
萝卜泥	··················	适量

196 kcal
1人份

🍳烹饪笔记

打蛋液的方法是关键

在打蛋液的时候，首先用筷子将蛋白的部分搅4~5次，搅的时候要像将蛋白夹起切开一样。筷子要贴着盆底快速地左右活动，不要打出气泡。如果搅打过度的话，蛋液会失去应有的弹性。之后按照步骤煎制就可以了。如果形状不太好看的话，可以趁热用厨房用纸或者保鲜膜包住调整一下。

制作方法

1. 将鸡蛋磕开，打散。在打蛋液的时候要注意不要产生气泡，同 A 混合搅拌均匀。

2. 将煎蛋锅加热，放入色拉油涂匀。多出的油用厨房用纸擦掉。

3. 将蛋液的 1/4 倒入锅中，晃动煎蛋锅，让蛋液均匀分布。

4. 待半熟状态时，用筷子从靠近自己的方向向外卷起。

5. 在空出来的地方再涂一层薄薄的油。

6. 将剩下蛋液的 1/4~1/3 倒入。

7. 将卷到外侧的鸡蛋抬起，让蛋液流到蛋卷下面。然后让蛋液均匀分布。

8. 待半熟状态且表面没有变干之前，从外侧向内卷起。

9. 在空出来的地方涂上油，然后将蛋卷移到外侧。靠近自己的一侧也要涂上油，倒入蛋液，用同样的方法煎熟。

将一根筷子插进去会更容易卷起。

蔬菜煎蛋

将炒好的蔬菜加入蛋液中，用小火煎制完成。

材料(2人份)

鸡蛋	⋯⋯⋯⋯⋯⋯	3个
金针菇	⋯⋯⋯⋯⋯	1袋
胡萝卜	⋯⋯⋯⋯⋯	1/2小根
豆角	⋯⋯⋯⋯⋯⋯	50g
芝麻油	⋯⋯⋯	1小匙(5mL)
A	酒 ⋯⋯⋯	1大匙(15mL)
	砂糖 ⋯	1/2小匙(2.5mL)
	盐 ⋯⋯⋯⋯⋯	少许
B	砂糖 ⋯⋯	1大匙(15mL)
	味淋 ⋯⋯	1大匙(15mL)
	酱油 ⋯	1/2大匙(7.5mL)
色拉油	⋯⋯⋯⋯⋯	适量

220 kcal
1人份

韭菜小杂鱼蛋卷

制作方法

1. 将胡萝卜切成2cm长
   的细丝，豆角斜切成
   薄片，金针菇切掉根
   部，然后切成2cm长，
   掰开。

2. 在煎锅中加入芝麻
   油，加热后将 **1** 的蔬
   菜放入锅中翻炒。加
   入 A 的调味汁，翻炒
   至汤底收干，放凉。

3. 将蛋液打散，加入 B
   的砂糖、味淋、酱油
   调味，然后加入 **2** 的
   蔬菜。

4. 在煎蛋锅中加入色拉
   油加热，倒入蛋液。
   盖上锅盖用小火煎
   10~12分钟。

5. 待表面凝固后，将煎
   蛋锅从火上移开。连
   着锅盖一起翻转过
   来，然后将锅移开。

6. 再将蛋饼重新滑回锅
   中（此时已翻面）。再
   次开火，继续煎一下。
   最后切成适当的大小
   食用。

加入了韭菜和小杂鱼，既好吃又有营养。

231 kcal
1人份

材料（2人份）

鸡蛋	4个
韭菜	1/2把（50g）
小杂鱼干	10g
A 酒	1小匙（5mL）
酱油	1/2小匙（2.5mL）
盐	少许
色拉油	1大匙（15mL）
红渍姜	适量

制作方法

1. 将韭菜切末。小杂鱼干用热水泡发然后沥干。

2. 将蛋液打散用 A 调味，然后加入韭菜和小杂鱼干，混合。

3. 加热煎锅，用色拉油涂匀，倒入 1/3 量的蛋液，之后按照日
   式蛋卷（P166）的方法制作。

4. 切成适当的小块盛入餐具中，旁边摆上红渍姜。

茶碗蒸

将蛋液过滤一下再蒸，口感截然不同。

112 kcal
1人份

材料（2人份）

鸡蛋……………………… 1个

虾………………………… 6只

鱼糕…………………… 2cm

蟹味菇…………… 1/2包

A | 出汁 … 1杯（200mL）

　　 酒 …… 1小匙（5mL）

　　 砂糖 ………………

　　 … 1/2小匙（2.5mL）

　　 盐… 1/4小匙（1.25mL）

　　 酱油…1/2小匙（2.5mL）

B | 酒 …… 1小匙（5mL）

　　 盐 …………… 少许

鸭儿芹…………… 少许

制作方法

1. 将 A 中的出汁加温至人
皮肤的温度。用酒、砂
糖、盐、酱油调味。

2. 虾去壳，去虾线（留下
尾巴和靠近尾巴的最后
一节），用 B 腌制入味。

3. 将鱼糕切成 5mm 的厚
度，将蟹味菇切掉根部
掰开。

4. 将蛋液打散，加入 **1** 搅
匀。

5. 将蛋液用滤网过滤一下。

6. 选择和煎锅差不多高度的稍浅一些的耐热容器，将蛋液放入。倒入蛋液时要慢一些。

7. 在煎锅里铺上抹布，倒入约1cm深的水。将容器放入锅中，盖上盖子，用小火蒸13~14分钟。

8. 用竹签刺一下，如果有清澈的汤底溢上来的话就蒸制完成了。将鸭儿芹切成3cm长，撒在上面。

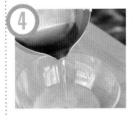

锅盖也用抹布包起来。

稍稍多费一点儿工夫就能让口感更加润滑。

🔍 烹饪笔记

用煎锅制作的话非常简单

用煎锅和蒸锅都能制作出美味的茶碗蒸。但是，煎锅每次做出的量少，如果要制作4人份的话可以分成2次制作。当然用蒸锅制作也可以。蒸制的时候如果用大火，容易里面出现像蜂巢一样的小眼儿，所以一定要用小火蒸制。可以用干抹布将锅盖包住，防止蒸汽凝成的水滴落在容器中。

豆腐炖肉

非常熟悉的豆腐炖肉，加入含有丰富维生素 C 的红椒，这是美味的新发现！

407 kcal

1人份

水太多的话就没办法制作了。

材料(2人份)

木棉豆腐……………1块

牛碎肉……………… 150g

葱…………………2根

红椒………………… 1/2个

芝麻油… 1/2大匙(7.5mL)

A｜酒 …… 1/4杯(50mL)

热水 … 1杯(200mL)

砂糖 …1/2大匙(7.5mL)

酱油 … 1大匙(15mL)

小葱…………………5根

将火调小更容易撇出浮沫。

制作方法

1. 将豆腐切成适当的大小，放置20~30分钟让水分流出。

2. 将葱切成3cm 长的段。红椒切块，小葱切细末。

3. 在煎锅中加入芝麻油，加热，放入牛碎肉翻炒。待肉开始变色加入葱段翻炒。

4. 待葱段上色后,按照酒、热水、砂糖、酱油的顺序加入调味料。

5. 沸腾后改中火，仔细地将浮沫撇出。

6. 加入豆腐，时不时翻动一下，煮 15~16分钟。待汤底收干后加入红椒稍煮一下，最后撒上葱末。

味噌肉配煎豆排

在芝麻油煎过后香味更浓的豆腐上放甜咸口味的味噌肉，食欲大增。

409 kcal
1人份

材料（2人份）

木棉豆腐	·················	1块
猪绞肉	·················	80g
葱	·················	10cm
生姜	·················	1块
芝麻油	·················	1大匙（15mL）
A 酒	·················	3大匙（45mL）
砂糖	·················	3大匙（45mL）
味噌	·················	4大匙（60mL）
欧芹	·················	少许

制作方法

1. 将豆腐对半切开，然后横着对半片开，放入笊篱中，沥干水分。

2. 将葱和生姜切细末。

3. 加热 1/2 大匙芝麻油，放入葱和生姜煸炒。炒出香味后加入猪绞肉，将绞肉炒散。

4. 加入 A 的酒、砂糖、味噌进行调味。搅拌均匀后稍稍煮一下。

5. 加热另 1/2 大匙芝麻油，将豆腐的两面煎至上色。盛入餐具中，将 **4** 的味噌肉放在豆排上，摆上欧芹。

🔊 烹饪笔记

做菜要安排好步骤

豆腐如果很厚的话，中间没有办法被加热，所以要将豆腐横向片开。也要将豆腐中的水沥干。在等待水分流出的期间可以准备味噌肉，这样就不会浪费时间。这道菜中的味噌肉使用的是猪绞肉，如果想口感更加清爽的话，也可以使用鸡绞肉。

鸡蛋・豆腐・其他 PART 8

鸡刨豆腐

最后用鸡蛋收尾，这是让豆腐重新合成一块的步骤。

282 kcal
1人份

材料（2人份）

木棉豆腐·······························1块

胡萝卜·····················1/2小根（50g）

干香菇（泡发）·····················2个

虾·····································5只

色拉油·····················1/2大匙（7.5mL）

A | 出汁 ·····················1/4杯（50mL）

　 | 酒 ·······················2大匙（30mL）

　 | 砂糖 ·····················2小匙（10mL）

　 | 味淋 ·····················1大匙（15mL）

　 | 盐 ······················1/4小匙（1.25mL）

　 | 酱油 ·····················2小匙（10mL）

鸡蛋·································1个

浒苔·······························少许

制作方法

1. 将豆腐用手弄碎，然后放进笊篱，沥干水分。

2. 胡萝卜、香菇切成1cm见方的块。虾去掉虾线，
   去壳，切成和香菇差不多大的块。

3. 加热色拉油，用大火炒胡萝卜、香菇和虾。最
   后加入豆腐翻炒均匀。

4. 所有的食材都沾上油之后用A调汁，煮至汤底收干。

5. 蛋液打散之后放入锅中，粗略搅拌一下，待熟
   透即可。盛入餐具中，撒入浒苔。

咕嘟咕嘟地煮去多余的水分。 ➡

🍳 烹饪笔记

用现有的材料就可以轻松制作

只有用手工制作的豆腐才能显现那种美味的"鸡
刨豆腐"的味道，推荐使用表面有很多小孔并且
带着甜味的木棉豆腐。可以搭配蔬菜和带着鲜味
的食材，比如胡萝卜、香菇、虾或者豆角、荷兰
豆、鸭儿芹、蛤蜊肉、樱虾、鸡绞肉和木耳等。

出汁炸豆腐

口感柔滑的豆腐炸至金黄，热热的时候配上出汁制成的汤底，美味至极。

202 kcal

1人份

斜着放有助于水流出去。→

材料（2人份）

豆腐·························· 1块

萝卜泥······················ 适量

A｜出汁 ··················· 3/4杯（150mL）

　｜盐 ····················· 少许

　｜酱油 ··················· 2小匙（10mL）

　｜味淋 ··················· 1小匙（5mL）

太白粉······················ 适量

炸制用油···················· 适量

香葱末······················ 少许

生姜泥······················ 少许

制作方法

1. 用厨房用纸将豆腐包起来，放在斜着的台子上用碟子压着，放置20~25分钟沥干水分。

2. 将萝卜泥放入茶滤（或者笊篱）中，自然沥干水分。

3. 在锅中放入 A 搅拌后煮沸。

4. 将豆腐对半切开，用太白粉抹满豆腐，抖掉多余的太白粉。

5. 炸制用油加热至 170~180℃，将豆腐炸至表面变脆。倒入热热的蘸汁，放上萝卜泥、香葱末和生姜泥。

🔍烹饪笔记

豆腐的含水量非常重要

用碟子等有些重量的东西将豆腐压住，挤出水分。沥水时间短，导致含水量依旧很高，可能会失败。反之，盘子过重的话，或者沥水时间过长，那么豆腐又会变得很硬。豆腐含有适量的水分，既有弹性又柔软，所以沥水20~25分钟是最美味的时间。

荷兰豆胡萝卜拌豆腐

豆腐和芝麻形成面衣一样的拌汁，口感顺滑，有着自然的甘甜味道。

110 kcal
1人份

用这个方法可以轻松应对少量的豆腐。 →

材料（2人份）

豆腐	⋯⋯⋯⋯⋯⋯⋯⋯⋯⋯⋯⋯	1/3块(100g)
荷兰豆	⋯⋯⋯⋯⋯⋯⋯⋯⋯⋯⋯⋯⋯	30g
胡萝卜	⋯⋯⋯⋯⋯⋯⋯⋯⋯⋯⋯	1/2根(70g)
蒟蒻	⋯⋯⋯⋯⋯⋯⋯⋯⋯⋯⋯⋯	1/2片

A	出汁	⋯⋯⋯⋯⋯⋯⋯⋯	1/2杯(100mL)
	砂糖	⋯⋯⋯⋯⋯⋯⋯⋯	1小匙(5mL)
	盐	⋯⋯⋯⋯⋯⋯⋯⋯⋯⋯	少许

B	砂糖	⋯⋯⋯⋯⋯⋯⋯	2小匙(10mL)
	盐	⋯⋯⋯⋯⋯⋯⋯⋯	1/4小匙(1.25mL)
	白芝麻酱	⋯⋯⋯⋯⋯⋯⋯	1大匙(15mL)

制作方法

1. 将豆腐弄碎，用2张厨房用纸包住，轻轻地挤一下，沥干水分。

2. 将荷兰豆去筋，斜着对半切开。用热水简单烫一下，沥干水分。

3. 将胡萝卜切成细丝，蒟蒻同样切成细丝。放入水中焯过后干炒，再放入 A 煮至汤底收干。

4. 用研磨钵将豆腐磨碎。加入 B 混合在一起研磨。

5. 将豆腐和稍稍沥干水分的胡萝卜、蒟蒻、荷兰豆拌在一起。

混合研磨后又香又滑。 ↗

🔎 烹饪笔记

芝麻酱的风味极佳

可以用市售拌凉菜的芝麻酱，也可以自己在家做，别具风味。用小火慢慢地将芝麻焙熟，然后放在研磨钵中，直到出油并且变得细滑。

木鱼花蒟蒻

蒟蒻用出汁和酱油煮过之后口感更好。

30 kcal
1人份

材料(2人份)

蒟蒻······················ 1片

木鱼花··········· 2袋(10g)

A | 出汁 ····· 1杯(200mL)

| 酱油 ·····1大匙(15mL)

制作方法

1. 将蒟蒻从一端开始切成5mm厚的片。放入锅中，加水没过蒟蒻。开大火加热1~2分钟，沥干热水。

2. 在锅中放入蒟蒻，开大火，用筷子一边搅拌，一边让水分散掉。

3. 加入A的调味料，改成中火，不时翻动一下。煮20~25分钟至汤底收干。关火，撒上木鱼花。

重点

在煮蒟蒻的时候，最后要将水分熵干。这样才能在加入调味料的时候更入味。

咸鳕鱼子煮魔芋丝

魔芋丝带有淡淡的樱花色。在鳕鱼子的鲜味之外还能享受奇妙的口感。

57 kcal
1人份

材料(2人份)

魔芋丝	……………………	1袋
咸鳕鱼子	…………………	1个
A	出汁 ……	1杯(200mL)
	砂糖 ………	1小匙(5mL)
	盐 …………………	少许
	酱油 …	1/2大匙(7.5mL)

制作方法

1. 将魔芋丝简单地切一下，加入沸腾的热水中烫1~2分钟，用笊篱沥干水分，再放回锅中燀干水分。

2. 将保鲜膜铺好，上面放上鳕鱼子，用汤匙将鳕鱼子外面的薄皮去掉。

3. 将 A 混合，煮沸后放入魔芋丝。不时翻动一下，待汤底收干后撒上鳕鱼子搅拌均匀。

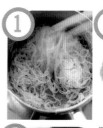

要完全燀干水分。

鸡蛋·豆腐·其他 PART 8

183

什锦黄豆

放入锅中煮软就可以了。

389 kcal
1人份

材料（2人份）

黄豆（干）…………… 150g

胡萝卜…………… 1/2小根

牛蒡…………… 1/4根

干香菇…………… 2个

昆布………… 10cm 长1片

A | 盐 … 1/4小匙（1.25mL）
  | 酱油 …… 1大匙（15mL）
  | 味淋 …1$^1/_2$大匙（22.5mL）

制作方法

1. 将黄豆粗略地洗一下，用3倍量的水泡发一晚。连同泡发用的水倒入锅里，煮到豆子变软。

2. 将胡萝卜和牛蒡切成1cm 见方，牛蒡泡在水中。香菇和昆布泡发后切成1cm 见方。

3. 将 1 的锅中加入 2 的材料和 A 的调味料，用小火煮制。时不时翻动一下，煮至汤底收干。

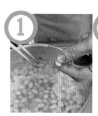

捏一下看看熟度。

甜煮红豆

待豆子煮软后再调味。

382 kcal
1人份

材料（2人份）

红豆（干）·············· 150g

砂糖·····················70g

盐······················ 少许

制作方法

1. 将红豆粗略地洗一下，用3杯（600mL）水泡发一晚。

2. 连同泡发用水倒入锅中，开大火煮沸后将水倒掉。

3. 加水没过红豆，开大火煮沸。煮沸后改中火，撇去浮沫，煮20~30分钟。

4. 待豆子变软后加入砂糖，用小火煮 15 ~ 20 分钟，让甜味沁入豆子中，最后加入盐稍微煮一下。

重点

在煮豆子的时候，如果豆子露出水面，就没办法煮烂，所以要放足量的水。

PART 8 鸡蛋·豆腐·其他

干萝卜丝炖油炸豆腐

使用泡发的干萝卜丝。

166 kcal
1人份

材料(2人份)

干萝卜丝	………………	40g
油炸豆腐	………………	1片
红辣椒	………………	1个
芝麻油	……	1/2大匙(7.5mL)
A	出汁 ……	2杯(400mL)
	味淋 ……	1大匙(15mL)
	酱油 ……	2小匙(10mL)
	盐 ……	1/2小匙(2.5mL)

制作方法

1. 将干萝卜丝用足够的水揉搓洗净，然后换一盆水，重复2~3次。

2. 用流水泡发20~25分钟，然后将水挤出。

3. 将油炸豆腐放入笊篱中，用热水去除油分。将热水倒掉，对半切开，切成细丝。

4. 将红辣椒放入温水中泡发，去籽，切成小块。

5. 加热芝麻油翻炒 **2~4**。待油沁入后加入 A，煮18~20分钟至汤底收干。

咸脆萝卜

干萝卜丝含有丰富的膳食纤维。

178 kcal
1人份

材料（2人份）

干萝卜丝·······················60g

红辣椒·························1个

A 出汁 ······ 1杯（200mL）

酱油 ······ 2大匙（30mL）

砂糖 ······ 4大匙（60mL）

盐 ······ $1^1/_2$小匙（7.5mL）

醋 ········ 1/2杯（100mL）

制作方法

1. 将萝卜丝用足量的水揉搓洗净，然后换一盆水，重复
   2~3次。用流水泡发7~8分钟。

2. 将红辣椒去籽，切成小块。

3. 在锅中放入红辣椒、A 中的材料混合后煮沸，凉凉后加
   入醋作为腌汁。

4. 将萝卜丝的水分挤出，用腌汁腌制。

炖羊栖菜

羊栖菜中含有很多的钙和铁，是非常健康的食材。

142 kcal
1人份

材料(2人份)

羊栖菜(干燥) ·············· 30g

油炸豆腐·············· 1片

胡萝卜·············· 1/2根

蒟蒻·············· 1/2片

芝麻油·············· 1/2大匙(7.5mL)

A| 出汁 ·············· 2杯(400mL)

　| 味淋 ·············· 1大匙(15mL)

　| 酱油 ·············· 1小匙(5mL)

　| 盐 ·············· 1/2小匙(2.5mL)

制作方法

1. 将羊栖菜用足够的水泡发20~25分钟，用笊篱
　 捞出，沥干水分。

2. 油炸豆腐过水除去油分，沥干水，纵向对半切
　 开，然后切成细丝。胡萝卜也切成细丝。

3. 将蒟蒻切成细丝，在锅中加入水，用大火煮
　 1~2分钟。

4. 在煎锅中加入芝麻油加热，炒制 **1~3**。待水分
　 散掉，油分沁入后加入 A，时不时翻动一下，
　 煮13~15分钟，待汤底收干即可。

重点

羊栖菜用足量的水清
洗，除去浮起的污垢
和沙子。羊栖菜能泡
发到4倍的量，所以
要用足量的水进行泡
发。

🖉 **烹饪笔记**

根据用途不同调味

羊栖菜的膳食纤维特别丰富。由于和油非常搭
配，所以可以炸来吃，也可以和蒟蒻、胡萝卜
配在一起用芝麻油炒一下，风味更佳。关火后
不要动，静置一会儿，入味后味道更美。

PART 8 鸡蛋·豆腐·其他

为了熟练掌握基本的味道

计量方法

刚开始接触料理,最好严格按照菜谱指定的调味料分量调味,这样不容易失败。

计量粉末状材料

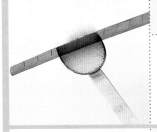

1 小匙

舀出时会有高出勺子的时候,可以用小棒或者刀沿着勺子的边缘抹平(1大匙也是一样)。

1/2 小匙

先量出 1 小匙,然后在一半的位置画一条线,去掉一半的量(1/2 大匙也是一样)。

1/3 小匙

画出 3 等分的线,只留下 1 份,其余 2 份去掉。2/3 小匙时留下 2 份(1/3 大匙等于 1 小匙)。

1 杯

到杯子的最上沿就是 1 杯。如果刻度线在杯沿的下方,可以用勺子之类的工具计量。

量杯
1 杯 =200mL

量匙
1 大匙 =15mL，1 小匙 =5mL

比小匙还小的是 2.5mL 的匙，使用时要注意。

用手测量
用手测量看起来不是那么的准确，但是同一个人的手指竟然每次取出的量基本相同。所以靠着自己手指的感觉调味也能获得美味。

少许
盐和胡椒少许的分量大概就是拇指和食指捏起的分量。如果使用调味料罐的话，大概就是震动3~4次的量。

测量液体的时候

1 小匙

舀出的液体会高出量匙的边缘，要轻轻倾斜一点儿，让液体面和量匙边缘保持平齐（1 大匙也是一样）。

1/2 小匙

由于量匙底部是圆形的，所以倒入量匙深度的 2/3 左右差不多就是 1/2 的量（1/2 大匙也是一样）。

1/3 小匙

由于量匙底部是圆形的，所以倒入量匙深度的一半左右差不多就是 1/3 的量（1/3 大匙也是一样）。

1 杯

在水平面上倒入液体。如果视线较高时，那么刻度线下面才是正确的量，所以一定要让液面与视线平齐。

TOBAN EIGO DE TSUKURU KIHON NO WASHOKU

Shufunotomo. Co. Ltd 2016

Originally published in Japan in 2016 by Shufunotomo. Co. Ltd

Chinese (Simplified Character only) translation rights arranged with

Shufunotomo. Co. Ltd through TOHAN CORPORATION, TOKYO.

图书在版编目（CIP）数据

日本料理教科书 ／（日）检见崎聪美著 ；邢俊杰译.
— 沈阳 ：辽宁科学技术出版社，2018.6
ISBN 978－7－5591－0626－1

Ⅰ．①日… Ⅱ．①检… ②邢… Ⅲ．①食谱－日本
Ⅳ．①TS972.183.13

中国版本图书馆CIP数据核字(2018)第023802号

出版发行：辽宁科学技术出版社
　　　　　（地址：沈阳市和平区十一纬路25号　邮编：110003）
印 刷 者：辽宁新华印务有限公司
经 销 者：各地新华书店
幅面尺寸：170mm×240mm
印　　张：12
字　　数：200千字
出版时间：2018年6月第1版
印刷时间：2018年6月第1次印刷
责任编辑：朴海玉
摄　　影：梅泽仁　中村太
封面设计：魔杰设计
版式设计：袁　舒
责任校对：尹　昭　王春菇
书　　号：ISBN 978－7－5591－0626－1
定　　价：49.80元

联系电话：024－23284740
邮购热线：024－23284502
E－mail:mozi4888@126.com